水库淤积影响评估与防治关键技术

江恩慧　蒋思奇　王远见　闫振峰　著
李昆鹏　吴国英　岳瑜素

黄河水利出版社
·郑州·

内 容 提 要

本书介绍了水库淤积特征及成因、影响评估、防治关键技术、泥沙资源利用方向及技术，建立了水库淤积综合效应的评估方法，并结合黄河下游西霞院水库清淤实例，具体计算了水库清淤的各项经济效益，提出了水库淤积防治的长效机制。

本书可供河流动力学、泥沙动力学等相关专业科研人员和高校师生参阅。

图书在版编目（CIP）数据

水库淤积影响评估与防治关键技术/江恩慧等著. —郑州：黄河水利出版社，2019.8
ISBN 978 - 7 - 5509 - 1347 - 9

Ⅰ.①水⋯　Ⅱ.①江⋯　Ⅲ.①水库淤积 - 淤积控制
Ⅳ.①TV145

中国版本图书馆 CIP 数据核字（2018）第 263445 号

组稿编辑：王志宽　电话：0371-66024331　E-mail：wangzhikuan83@126.com

出　版　社：黄河水利出版社　　　　　　　　　　　网址：www.yrcp.com
　　　　　地址：河南省郑州市顺河路黄委会综合楼14层　邮政编码：450003
发行单位：黄河水利出版社
　　　　　发行部电话：0371 - 66026940、66020550、66028024、66022620（传真）
　　　　　E-mail：hhslcbs@126.com
承印单位：虎彩印艺股份有限公司
开本：890 mm × 1 240 mm　1/32
印张：4.25
字数：125 千字　　　　　　　　　　　印数：1—1 000
版次：2019 年 8 月第 1 版　　　　　　印次：2019 年 8 月第 1 次印刷

定价：28.00 元

前　言

我国水库淤积普遍，无论是北方还是南方，无论是多沙的黄河流域还是含沙量较少的长江、珠江等流域，都不同程度地存在水库淤积问题。北方河流水库受所处地域地理条件与社会经济发展需求的影响，功能上多以防洪、减淤、供水等公益为主，其淤积主要由于雨量稀少、气候干旱、植被较差、水土流失严重所致。南方河流水库多以发电、灌溉等经济效益为主，推移质淤积而引起的回水抬高和上延，以及变动回水区的淤积是导致南方河流水库淤积的主要原因。针对不同区域水库的淤积防治需求，进行有效的水库清淤是工作的重点。

水库清淤技术研究较多，水库淤积防治技术实施得也较多。随着水库淤积越来越严重，水库清淤技术的推广显得尤为迫切。本书介绍了水库淤积特征及成因、影响评估、防治关键技术、泥沙资源利用方向及技术，建立了水库淤积综合效应的评估方法，并结合黄河下游西霞院水库清淤实例，具体计算了水库清淤的各项经济效益，提出了水库淤积防治的长效机制。

本书的研究工作得到了水利部公益性行业科研专项经费项目（项目编号：201501033 - 2）和中央级公益性科研院所基本科研业务费专项资金资助项目（项目编号：HKY - JBYW - 2018 - 13）资助。

需要特别指出的是，在本书的研究中，得到了黄河水利科学研究院张俊华教授级高级工程师和陈书奎教授级高级工程师的技术指导，在此表示衷心的感谢！

由于水库淤积防治技术研究仍需丰富和完善，加之作者水平有限，书中难免存在不妥之处，恳请广大读者批评指正。

作　者

2018 年 8 月

目　录

第1章 概 述

1.1 项目背景

我国水资源时空分布不均,与耕地资源和其他经济要素匹配性不好,北方地区国土面积和耕地面积占全国的 60% 以上,人口和 GDP 占全国的 45% 左右,但水资源总量仅占全国的 19% ,水资源供需矛盾尤为突出。水电是当前最成熟、效率最高、最重要的可再生能源。我国已建成常规水电装机容量占全国技术可开发装机容量的 48% 。到 2020 年,全国水电总装机容量将达到 4.2 亿 kW,水电开发效率严重制约着水资源的开发和利用。

目前,我国已建水库淤积问题日益突出,不同区域水库呈现出不同程度的淤积问题,据统计,平均每年约淤损 8 亿 m^3 库容,水库平均年淤积率为 2.3% ,为美国水库淤积速度的 3.2 倍,将越来越明显地影响水电开发效率。特别是水资源短缺的黄河流域,区域水库淤积较为突出,其中陕西省全省库容百万立方米以上的水库 262 座,总库容 38 亿 m^3 ,兴利库容 22.7 亿 m^3 ,淤损有效库容 7.51 亿 m^3 ,淤损率达 33.1% 。水库泥沙淤积,造成河床壅高、水库有效库容减小,库容损失影响水库效益的发挥;淤积上延影响上游地区的生态环境;水库变动回水区的冲淤对航运带来不利影响;坝前泥沙淤积影响枢纽的安全运行;水库下泄清水对下游河道河床的冲刷及附着在泥沙上的污染物对水库水质的影响等;汛期拦蓄削峰能力大为弱化,使下游河道的防洪压力大大增加,沿岸地区的人民生命财产安全受到严重威胁;降低水库的发电、供水、减淤等效益,增大水库上游的防洪风险,形成进水口的淤堵与水轮机等过流部件的磨损。水库淤积所浪费的也不只是库容,还有良好的坝址。选择新的坝址往往要淹没大量优质农田或导致大量移民,成本巨大且容易成为社会不稳定因素。所以,针对不同区域水库的淤积防治需求,进行有效的水库清淤将是工作的重点。

水库清淤技术研究较多,水库淤积防治技术实施也较多。随着水库淤积的严重性越来越突出,水库清淤技术的推广显得尤为迫切。然而,由于过去通常只注重水库清淤的经济效益等短期效益,轻视水库清淤的社会效益、生态效益等长期效益,因此水库清淤技术的综合效益需要得到进一步彰显。

水库淤积风险评估—水库淤积防治措施—水库清淤综合效应评估是水库淤积管理的三个必经步骤。本书研究项目通过理论研究、历史资料和勘测资料的收集,在水库淤积现状调研分析的基础上,系统开展水库淤积成因和性态分析、清淤技术(冲、挖、吸)及其适用性、清淤泥沙处置等关键技术研究,提出清淤成本与效益分析方法、水库淤积影响与清淤综合效应评估方法,并建立水库淤积防治长效机制,为国家层面的水库清淤工程建设提供技术支撑。

1.2　研究内容

(1)水库淤积对大坝安全和综合效益影响研究。

选择不同区域的典型水库开展系统调研,通过理论研究、资料收集和勘测资料分析,探讨水库淤积规律及淤积物性态,提出库区淤积成因及特征差异,并研究提出水库淤积泥沙分别与生态环境、防洪减淤、水库有效库容长期保持的响应关系。

(2)水库淤积防治关键技术研究。

总结分析现有水库淤积防治技术及其应用特点、清淤实效,提出不同清淤技术的操作方法、设备选型、清淤效果及适用条件;结合不同区域社会经济发展的需求及生产能力状况,初步提出库区泥沙清淤处置技术和方案。

(3)水库清淤综合效应评估。

在水库淤积对大坝安全和综合效益影响研究的基础上,提出清淤成本与效益分析方法,分别针对以防洪公益为主和以经济效益为主等不同区域水库,拟定水库淤积影响与清淤综合效应评估方法,建立水库淤积防治长效机制。

1.3 技术路线

(1)分别选取黄河流域和长江流域1~2座典型水库,调研其淤积性态、社会经济发展等,通过理论计算、历史资料和勘测资料的分析,研究水库泥沙特性的总体分布规律,提出库区淤积成因及淤积特征差异;研究并提出水库淤沙分布与生态环境、防洪减淤、水库有效库容长期保持的响应关系。

(2)开展水库淤积防治关键技术研究。广泛调研现有水库淤积防治技术及其应用特点、清淤实效,通过原型观测资料与分析、理论探讨等技术手段,提出冲、挖、吸等不同的清淤技术操作方法、设备选型、清淤效果及适用条件。

(3)开展典型水库泥沙利用现状和社会需求调查,在总结分析现有技术应用特点的基础上,结合不同区域社会经济发展的需求及生产力状况,对项目风险、环境影响及社会经济效益等进行分析,初步提出库区泥沙清淤处置技术和方案。

(4)在水库淤积对大坝安全和综合效益影响研究的基础上,提出清淤成本与效益分析方法,分别针对以防洪公益为主和以经济效益为主的不同水库,遴选清淤综合效应评估指标,拟定水库淤积影响与清淤综合效应评估方法,建立水库淤积防治长效机制。

第2章 水库淤积特征及成因

2.1 水库淤积概况和特征

全国10万 m^3 以上的水库工程98 002座,总库容9 323.12亿 m^3 ,其中,大型水库756座,总库容7 499.85亿 m^3 ;中型水库3 938座,总库容1 119.76亿 m^3 ;小型水库93 308座,总库容703.51亿 m^3 ,全国不同规模水库数量与库容汇总见表2-1。

表2-1 全国不同规模水库数量与库容汇总

水库工程	合计	大型		中型	小型	
		大(1)	大(2)		小(1)	小(2)
数量(座)	98 002	127	629	3 938	17 949	75 359
总库容(亿 m^3)	9 323.12	5 665.07	1 834.78	1 119.76	496.38	207.13

从水库建设情况看,截至2015年12月31日,全国已建水库工程共97 246座,总库容8 104.1亿 m^3 ,分别占全国10万 m^3 以上水库总数量和总库容的99.2%和86.9%,在建水库工程共756座,总库容1 219.02亿 m^3 ,分别占全国10万 m^3 以上水库总数量和总库容的0.8%和13.1%。

从水资源一级区看,北方六区(松花江区、辽河区、海河区、黄河区、淮河区、西北诸河区)共有水库工程19 818座,总库容3 042.85亿 m^3 ,分别占全国10万 m^3 以上水库总数量和总库容的20.2%和32.6%;南方四区(长江区、东南诸河区、珠江区、西南诸河区)共有水库工程78 184座,总库容6 280.27亿 m^3 ,分别占全国10万 m^3 以上水库总数量和总库容的79.8%和67.4%。

我国水库淤积普遍，水库年淤损率达到 2.3%，为世界平均值的 2~3 倍。无论是北方还是南方（我国以长江为界划定北方地区和南方地区），无论是多沙的黄河流域还是含沙量较少的长江、珠江等流域，都不同程度地存在水库淤积问题。据长江水利委员会水文局 1994 年 7 月的长江上游地区水库统计资料，截至 20 世纪 80 年代末，嘉陵江流域内已建成各类水库 4 542 座，总库容 56.10 m³，年淤积率约为 0.86%。根据 1990~1992 年黄河流域的水库泥沙淤积调查，至 1989 年全流域共有小（1）型以上水库 601 座，总库容 522.5 亿 m³，淤损库容 109.0 亿 m³，占总库容的 21%。

其中，北方河流水库受所处地域地理条件与社会经济发展需求的影响，功能上多以防洪、减淤、供水等公益为主，其淤积主要由于雨量稀少、气候干旱、植被较差、水土流失严重所致。南方河流水库，多为以发电、灌溉等经济效益为主，推移质淤积引起回水抬高和上延，以及变动回水区的淤积是导致水库淤积的主要原因。

2.1.1 北方河流水库淤积特征

北方河流大都发源或流经黄土地区，汛期多暴雨，水土流失严重，河流的含沙量都很高，因而河流上修建的水库，淤积也比较严重。以下以黄河流域控制性水库小浪底水库，以及其反调节水库西霞院水库为代表，分析北方河流水库淤积状况和特征。

2.1.1.1 小浪底水库

黄河小浪底水利枢纽是一座以防洪（包括防凌）、减淤为主，兼顾供水、灌溉、发电，除害兴利、综合利用的枢纽工程，在黄河治理开发的总体布局中具有重要的战略地位。小浪底水库总体处于峡谷地带，大坝上距三门峡大坝 130 km，平面形态狭长弯曲，入汇支流较多，见图 2-1。其控制流域面积 69.4 万 km²，占黄河流域面积的 92.3%，水库于 1999 年 10 月下闸蓄水，2000 年 5 月正式投入运用，最高运用水位 275 m，总库容 127.5 亿 m³，长期有效库容 51 亿 m³，淤沙库容 75.5 亿 m³，防洪库容 40.5 亿 m³，调水调沙库容 10.5 亿 m³。

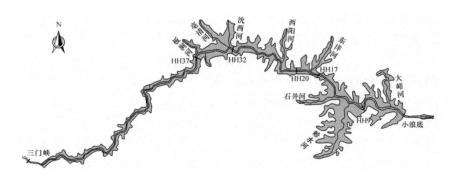

图 2-1　小浪底水库平面图

1.水库来水来沙

20 世纪 80 年代中期以后,黄河来水来沙量呈大幅减少趋势。小浪底水库运用以来入库水量经历了由极枯到渐丰又迅速转枯的过程,来沙量由高到低波动变化(见图 2-2)。2000 ~ 2016 年均入库水量、沙量分别为 217.21 亿 m³、2.904 亿 t,水量较龙羊峡水库运用以来的 1987 ~ 1999 年系列减少 14%,沙量减少幅度较大,为 63%;与设计水沙平均值 289.2 亿 m³、12.74 亿 t 相比,分别减少 25%、77%。

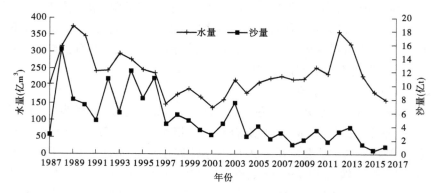

图 2-2　三门峡水文站 1987 ~ 2016 年入库水沙变化过程

2.库区淤积形态

1)干流淤积形态

小浪底水库运用初期以拦蓄泥沙下泄清水为主,至 2000 年 10 月,干流纵剖面淤成三角洲淤积形态(见图2-3)。之后受入库水沙、水库运用调度方式及库区地形等影响,三角洲淤积形态不断发生调整。如2003年、2005年,由于距坝70 km以上库段,河宽较窄,洪水期运用水位的升高致使该河段发生一定的淤积,次年汛前调水调沙,当三门峡下泄清水大流量过程时,淤积在该库段的泥沙发生冲刷,淤积形态发生调整。水库淤积形态发展的趋势是:三角洲洲面段不断抬高,三角洲顶点不断向坝前推进。至2016年10月,三角洲顶点已由距坝69.39 km(2000年10月)的HH40断面移至距坝16.39 km的HH11断面,向下游推进53 km,三角洲顶点高程为222.59 m。

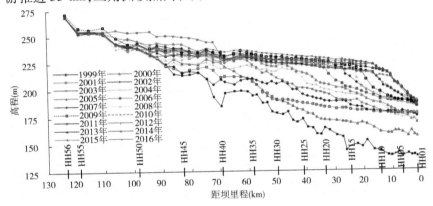

图2-3 1999~2016年小浪底库区汛后干流纵剖面(深泓点)

2)支流淤积形态

小浪底库区支流淤积主要为干流来沙倒灌所致,支流淤积形态取决于沟口处干流的淤积位置和倒灌流态及支流地形条件。支流沟口淤积面与干流同步抬升。当支流位于干流三角洲顶点以下、主要为异重流倒灌时,支流内部与沟口基本保持一致;当支流位于三角洲顶坡段、主要为明流倒灌时,支流内部抬升相对较慢,出现明显拦门沙坎。如支流畛水河(距坝18 km),2016年10月畛水河沟口对应干流滩面高程为223.6 m,而畛水河内部最低淤积6断面仅212.8 m,高差达到10.8 m(见图2-4)。总体来说,至2016年10月,库区大部分支流沟口淤积面高程均高于支流内部,具有较为明显的倒坡。

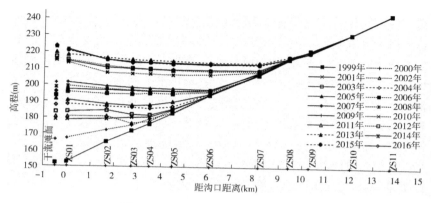

图 2-4　支流畛水河纵剖面淤积形态

3. 库区淤积分布特征

从 1999 年 9 月开始蓄水运用至 2016 年 10 月,沙量平衡法计算小浪底水库累计淤积泥沙 38.989 亿 t,断面法计算库区累计淤积 32.495 亿 m³。

小浪底库区泥沙淤积主要集中在汛期,2000~2016 年(上年 11 月至次年 10 月,下同)汛期年均淤积泥沙 2.117 亿 t,占年淤积量的 92%;非汛期淤积主要集中在汛前调水调沙期。受黄河流域泥沙年际变化及小浪底水库汛期运用水位的影响,淤积量年际变化较大(见图 2-5)。水库运用初期以蓄水拦沙为主,泥沙淤积比较大。如小浪底运用以来来沙量最大的 2003 年,淤积泥沙 6.358 亿 t。水库进入拦沙后期第一阶段,洪水期水库排沙机会增多。如来水较丰的 2012 年进行过 3 次调水调沙,淤积量 2.032 亿 t,淤积比 61%。2015 年和 2016 年属严重枯水少沙年,全年未排沙。

泥沙淤积高程分布与来沙时段运用水位密不可分。水库运用初期水位较低,在此期间,三角洲洲面段有所冲刷,泥沙淤积主要集中在坝前淤积段。随着汛期运用水位的不断抬升,淤积部位不断向上游发展,淤积面不断抬升。至 2016 年 10 月,汛期主要来沙时段小浪底水库运用水位一般低于 235 m。因此,泥沙淤积主要集中在 235 m 以下。至 2016 年 10 月,该区间淤积量为 32.998 亿 m³,245 m 以上发生少量冲

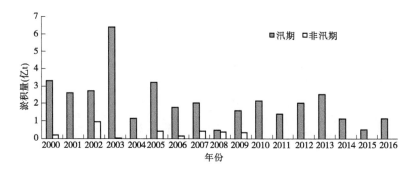

图 2-5　小浪底水库不同时段淤积

刷(见图 2-6)。

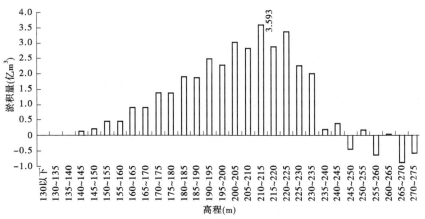

图 2-6　2000～2016 年小浪底库区不同高程区间冲淤分布

　　根据库区平面形态,小浪底水库一般将水库划分为三段:大坝～HH20 断面(距坝 33.48 km)、HH20～HH38 断面和 HH38～HH56 断面(距坝 123.41 km)。前两段总体较为宽阔,后一段为窄谷段。2000～2016 年,泥沙淤积主要集中的 HH38 断面以下的两个区间,即大坝～HH20、HH20～HH38 库段(见图 2-7),淤积量分别为 19.909 亿 m³、11.087 亿 m³,分别占淤积总量的 61%、34%。

　　就干支流分布来讲,泥沙淤积主要集中在干流,支流淤积相对较少,且集中在沟口附近。2000～2016 年,干、支流淤积量分别为 26.012

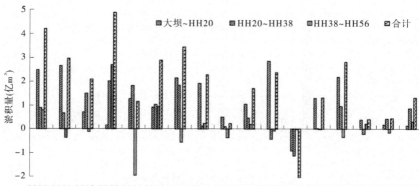

图 2-7 小浪底水库不同库段冲淤分布

亿 m³、6.484 亿 m³,分别占淤积总量的 80%、20%。

4. 库区淤积物特性

自 1997 年 10 月大坝截流至 2015 年 4 月,根据黄河实测大断面资料,计算得出小浪底水库干流不同库段粗、中、细不同粒径及其分布情况。表 2-2 为小浪底水库库区不同区域粒径分布,从表中可以看出,自小浪底水库运用以来,同库段粗、中、细不同粒径及其分布差异很大,其中泥沙粒径大于 50 μm 的粗沙为 9.07 亿 m³,约占泥沙总量的 36.77%;泥沙粒径介于 25 ~ 50 μm 的中沙为 7.80 亿 m³,约占泥沙总量的 31.64%;泥沙粒径小于 25 μm 的细沙为 7.79 亿 m³,约占 31.36%。对下游不会造成大量淤积的细沙颗粒淤积在水库中,减少了拦沙库容,降低了水库的拦沙效益,水库排沙较少,缩短了水库的使用寿命。

表 2-2 小浪底水库库区不同区域粒径分布 （单位:亿 m³）

河段	HH0 ~ HH12	HH12 ~ HH24	HH24 ~ HH32	HH32 ~ HH44	HH44 ~ HH56
粗沙	4.18	1.77	1.49	1.44	0.19
中沙	3.77	2.31	1.03	0.65	0.04
细沙	2.17	2.83	1.37	1.35	0.07
总量	10.12	6.91	3.89	3.44	0.30

2.1.1.2 西霞院水库

黄河小浪底水利枢纽配套工程——西霞院水库位于河南洛阳境内的黄河干流上,坝址左、右岸分别为洛阳市吉利区和孟津县,上距小浪底水利枢纽16 km,下距花园口145 km,库区平面图见图2-8。西霞院水库与小浪底枢纽为一组工程,两个项目。西霞院库区自然河道表现为沿程上窄下宽,库区河道平均比降为0.86‰。距坝址11 km以上河段的河床较为平稳,河床比降约为0.23‰;距坝址11 km以下的河段平均比降较大,约为1.17‰。距西霞院坝址约8 km的焦枝铁路老桥以上,河道较窄,河道宽度小于1 000 m;以下逐渐展宽到3 000~4 000 m,水流分散,属于峡谷出口的分叉型河道。

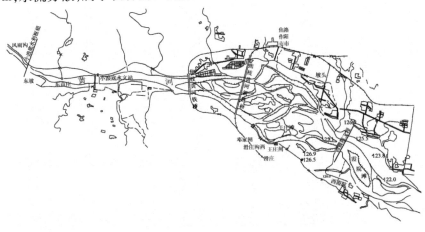

图2-8 库区平面图

1.水库水文泥沙特性

西霞院水库校核洪水位134.75 m以下总库容1.62亿 m³,水库正常蓄水位134 m以下库容为1.45亿 m³,淤积平衡后库容为0.452亿 m³,库水位在131.00~134.00 m的反调节库容0.332亿 m³。水库库容的绝大部分集中于水库的下半段。其中,距坝7.55 km以下库段的库容为1.33亿 m³,占总库容的91.7%;距坝7.55 km以上库段的库容为0.12亿 m³,占总库容的8.3%。支流库容占总库容的比例很小,正常蓄水位 134 m 以下的支流库容仅为 0.006 亿 m³,占总库容的 0.4%。

据小浪底水文站 1919～1998 年实测资料系列统计,多年平均输沙量为 13.25 亿 t,多年平均含沙量为 33.4 kg/m³。其中,汛期输沙量为 11.44 亿 t,占年输沙量的 86.3%,汛期平均含沙量为 49.6 kg/m³;非汛期输沙量为 1.81 亿 t,占年输沙量的 13.7%。8 月输沙量 5.07 亿 t,占汛期的 44.3%。

西霞院反调节水库泥沙直接受三门峡和小浪底两个大型水库调节影响,库区支流泥沙入库甚少。库区最大支流硖瓦河在汛期洪水期间,河底有少量砂卵石推移,年推移输沙量约为 0.20 万 t。

2. 库区淤积形态及分布

截至 2016 年,汛前西霞院水库累计淤积 0.203 2 亿 m³,年均淤积量约为 254 万 m³,其中 2011 年淤积量最大,为 0.164 7 亿 m³,2010 年、2012 年、2015 年淤积量减少(见图 2-9)。

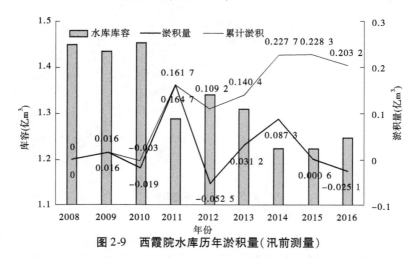

图 2-9 西霞院水库历年淤积量(汛前测量)

从西霞院水库纵剖面图(见图 2-10)可以看出,西霞院水库的淤积主要集中在坝前漏斗断面、距坝 8 000 m 以内及距坝 10 000 m 左右范围内,平均淤积厚度约为 4 m。距坝 7 580 m(XXY07 断面前)范围内淤积量较大,为 2 308 亿 m³,其中 LD04～LD08(距坝 180～430 m)左岸淤积厚度在 6.5～8 m,右岸淤积厚度在 2 m 左右,淤积量为 130 亿 m³,LD09～LD13(距坝 430～920 m)淤积厚度在 2～4 m,淤积量为 143 亿 m³,西霞院水库淤积分布(2015 年汛后)见图 2-11。

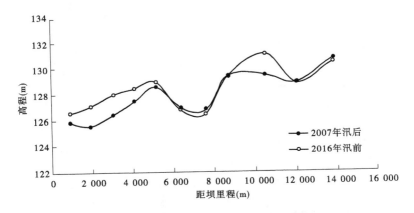

图 2-10　西霞院水库纵剖面图(平均河底高程)

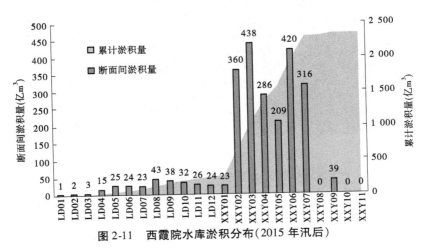

图 2-11　西霞院水库淤积分布(2015 年汛后)

3.库区淤积物特性

根据西霞院水库库区的冲淤情况,结合现场查勘结果,取样点选取在现有淤积测量断面附近,具体位置为主河槽靠近边滩的部位,以便更好地代表淤积泥沙的土体情况。

自西霞院大坝向上游至 XXY05 断面同处,取样以手持 GPS 精确定位。取样在坝上游 1 km 范围内,并考虑取样情况、水库形态、取样难度、水深变化情况等因素,尽量在断面上距两岸均匀布点取样。本次共布置 3 个断面,每个断面间距约 0.5 km,每个断面选取左右岸各一个取样位置,垂向取 4 个样,共计 24 个,并用环刀在每个取样位置进行容重试验。鉴于取样位置、取样仪器、取样可操作性等实际情况,本次所取土样深度距土体表面 0 ~ 2 m。

2016 年,在西霞院库区 XXY01 ~ XXY05 断面之间选取 5 个取沙点选取沙样(见图 2-12),同时测定其垂向分布情况。选取的纵向深度分别为 0、40 cm、80 cm 和 180 cm,从图 2-13 中可以看到,西霞院水库垂向粒径分布普遍表现为上细下粗、上游粗下游细的规律。

图 2-12 西霞院水库取样位置图

XXY03 断面以前淤积面下 0.8 m 范围,中值粒径基本上都小于 0.025 mm,而当淤积深度达到 1.8 m 时,中值粒径为 0.05 mm 左右;XXY05 断面除表层泥沙颗粒较细(仅 0.006 mm),粒径随淤积深度增大而增加,在淤积深度 0.8 m 范围内,中值粒径均大于 0.05 mm。当淤积深度为 1.8 m 时,中值粒径接近 0.2 mm。

2.1.1.3 其他流域水库淤积状况

除黄河流域外,其他流域水库淤积状况也很严峻。如辽宁省境内,

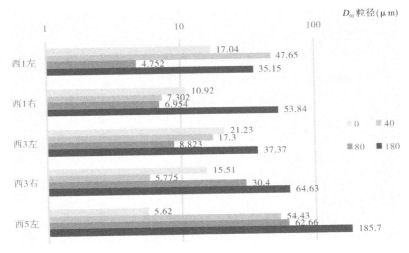

图 2-13　西霞院水库垂向粒径分布

大凌河流域的白石水库,总库容 16.45 亿 m³,2000 年主体工程完工,至 2004 年库区淤积量已达 3 293.4 万 m³,其中 500 万 m³ 淤积在支流库容中;太子河支流汤河干流上的汤河水库,总库容为 7.07 亿 m³,1991 年以来,每年平均淤积 28.28 万 m³。

松花江上的丰满水库,兴利库容 61.7 亿 m³,由于毁林和陡坡开荒的影响,丰满水库的泥沙淤积明显呈上升的趋势,建库初期的年平均泥沙淤积量仅为 145 万 t,现在已增加到 623 万 t,是建库初期的 4.3 倍。

内蒙古的红山水库,万年一遇校核洪水位 445.10 m,相应库容为 25.6 亿 m³;正常蓄水位为 433.80 m,兴利库容为 8.24 亿 m³;死水位为 430.30 m,死库容为 5.1 亿 m³。自 1960 年末到 1999 年初的 38 年中,水库共淤积泥沙 9.41 亿 m³,约占总库容的 36.8%,其中死水位以下库容淤积 3.46 亿 m³,淤损 67.8%,兴利库容淤积 1.73 亿 m³,淤损 55.1%。

河北省永定河上的官厅水库,1950~2000 年共淤积泥沙 8.42 亿 t,由于库区大量泥沙淤积,库区尾部永定河、洋河、桑干河河床不断淤高,原有的地下河变成"地上悬河",现状永定河丰沙铁路 8 号桥已淤高 13.4 m,洋河夹河村处河底已淤高 5 m,桑干河吉家营村处已淤高 4

m,双树村处河底已淤高 3.7 m,河床比堤外地面高出 1.5~2 m。

海河流域的大黑汀水库,总库容 3.37 亿 m³,有效库容 2.24 亿 m³,水库自 1979 年下闸蓄水,至 2005 年 6 月,累计淤积量为 0.580 6 亿 m³,年均淤积量达 223 万 m³。潘家口水库,总库容 29.3 亿 m³,多年平均入库沙量 1 720 万 m³,自 1980 年投入运用,截至 1994 年底,水库共淤积泥沙 1.3 亿 m³,占水库总库容的 4.5%,平均每年淤积 865 万 m³。

新疆叶尔羌河中游的依干其水库,设计库容为 6 200 万 m³,1956 年 10 月至 1966 年 6 月,蓄水 10 年共淤积 444 万 m³ 泥沙,平均库容年递减 0.822%;至 1989 年 6 月,23 年中又淤积了 766 万 m³,平均库容年递减 0.619%;至 2003 年 8 月,14 年中又淤积了 232 万 m³,平均库容年递减 0.340%;现状库容为 4 758 万 m³,有效库容为 4 308 万 m³,死库容为 450 万 m³,运行 47 年中库容平均每年递减 0.574%。

2.1.2 南方河流水库淤积特征

南方河流水库多建于山区河流上,由于坡陡流急,往往由卵石或卵石夹沙组成,粒径范围宽,非均匀程度大。对河岸边界多为基岩山体控制,不易变形,对河岸边界起控制作用,河道水流严格受河床形态的制约,补给条件也受河床边界的影响,不像冲积平原河流中沙质推移质运动主要取决于水流条件。

长江含沙量虽仅 0.54 kg/m³,但由于水量丰沛,年沙量也近 5 亿 t,因此长江流域水库也存在着因泥沙淤积而库容减少的问题。据 1992 年的调查资料,长江上游地区共建水库 11 931 座,总库容约 205 亿 m³;其中大型水库 13 座,总库容 97.5 亿 m³;水库年淤积量约为 1.4 亿 m³,年淤积率约 0.68%,其中,大型水库年淤积率为 0.65%。以下以三峡水库和丹江口水库为例,介绍长江流域水库淤积状况和特征。

2.1.2.1 三峡水库

三峡工程是治理开发长江的关键性骨干工程,具有防洪、发电、航运和供水等综合效益,一直是国内外科研机构和相关专家关注的重点工程。三峡水库位于长江上游,大坝总长 3 035 m,坝顶高程 185 m;正常蓄水位初期 156 m,后期 175 m;总库容 393 亿 m³,其中防洪库容

221.5 亿 m³。三峡工程于 2003 年 6 月开始蓄水发电,汛期按 135 m 水位运行,枯季按 139 m 水位运行,工程进入围堰发电期。2006 年汛后实施二期蓄水后,三峡工程进入初期运行期,汛后水位抬升至 156 m 运行,汛期水位则按 144 ~ 145 m 运行,2008 年汛末三峡水库进行 175 m 试验性蓄水,2010 年 10 月 26 日,三峡工程首次蓄水至 175 m,防洪、发电、通航三大效益得以全面发挥。

1. 水库来水来沙

长江三峡水库上游径流主要来自于金沙江、岷江、沱江、嘉陵江和乌江等河流,而悬移质泥沙主要来源于金沙江和嘉陵江。实测资料表明,20 世纪 90 年代以来,长江上游径流量变化不大,受水利工程拦沙、降雨时空分布变化、水土保持、河道采砂等因素的综合影响,输沙量明显减少,且发生了时间上的跃变现象。1991 ~ 2002 年,三峡上游干流朱沱站、嘉陵江北碚站和乌江武隆站年均水沙量之和分别为 3 733 亿 m³ 和 35 060 万 t,与 1990 年前均值相比,分别减小 126 亿 m³ 和 13 000 万 t,减幅分别为 3% 和 27%。

三峡水库蓄水以来,三峡上游来沙减小趋势仍然持续,2003 ~ 2010 年三峡入库(朱沱 + 北碚 + 武隆)年均水、沙量分别为 3 610 亿 m³、21 320 万 t,2003 ~ 2010 年,北碚站年均水沙量分别为 634 亿 m³ 和 2 840 万 t。

同时,入库泥沙颗粒明显偏细,2003 ~ 2010 年寸滩站悬移质中值粒径为 0.009 mm,小于 1987 ~ 2002 年的 0.011 mm,粒径大于 0.1 mm 的颗粒含量也由 1987 ~ 2002 年的 10.6% 减少到 6.4%。

推移质泥沙包括沙质推移质(粒径 1 ~ 2 mm)、砾石推移质(粒径 2 ~ 10 mm)和卵石推移质(粒径大于 10 mm)。寸滩站 1991 ~ 2002 年实测沙质推移质的年均输沙量为 25.8 万 t,约为同期悬移质输沙量的 0.08%,三峡水库蓄水后的 2003 ~ 2010 年,年均沙质推移质量仅为 1.9 万 t,年均卵石推移质量为 4.7 万 t。

2. 库区淤积形态及分布

根据库区固定断面资料分析,2003 年 3 月至 2010 年 11 月,三峡库区累计淤积泥沙 12.83 亿 m³。

2003年3月至2010年11月,三峡库区干流(江津至大坝,长约660 km)累计淤积泥沙11.953亿 m³。其中:175 m试验性蓄水期变动回水区(江津至涪陵段)累计淤积泥沙0.305亿 m³,占总淤积量的2.6%;常年回水区淤积量为11.648亿 m³,占总淤积量的97.4%。三峡水库175 m试验性蓄水后,库区回水上延,泥沙淤积也逐渐向上游发展,三峡水库深泓纵剖面变化如图2-14所示。

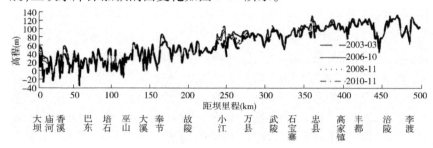

图2-14 三峡水库深泓纵剖面变化

从库区干流淤积部位来看,淤积量的96.4%集中在宽谷段,且以主槽淤积为主;窄深段淤积相对较少或略有冲刷。淤积在145 m以下(对应坝前水位为145 m,入库流量为30 000 m³/s库区实测水面线以下的河床)库容内的泥沙有11.86亿 m³(占水库死库容171.5亿 m³的6.9%),占总淤积量的99%;淤积在145 m以上河床的泥沙为0.10亿 m³(占水库防洪库容221.5亿 m³的0.05%),仅占水库总淤积量的1%,且主要集中在奉节至大坝库段,尤其是近坝段,泥沙淤积强度最大。

3. 库区淤积泥沙特性

为研究三峡水库库区泥沙淤积特性,分别在低水位期(2015年6月、2016年6～7月,水位约150 m)和高水位期(2015年12月、2016年12月,水位约170 m),对三峡库区坝前、常年回水区、回水变动区、回水末端等区域的淤积物进行了综合调查和分析,如表2-3所示,三峡水库沿程采样中值粒径比较如图2-15所示。

表 2-3　三峡水库沿程采样中值粒径

序号	观测断面	所在位置	距坝/口门 (km)	中值粒径（mm）			
				2015 年 6 月	2015 年 12 月	2016 年 6 月	2016 年 12 月
1	S30 + 1	坝前	0.82	0.004 9	0.004 8	0.002 5	0.004 5
2	S30 + 2	坝前	1.26	0.004 7			
3	S32	坝前	2.67	0.004 9	0.005 9	0.002 8	0.013 4
4	S36	坝前	9.12	0.004 3	0.006 5	0.010 7	0.006 4
5	S41	庙河	18.06			0.002 7	0.012 0
6	S48		30.36	0.010 8		0.002 6	0.023 5
7	XX01	香溪河		0.004 9	0.005 5	0.002 5	
8	S49		31.63	0.005 0	0.009 2	0.002 7	0.012 3
9	S52	秭归旧址	39.29	0.007 6	0.005 1	0.002 9	
10	S54		43.15	0.004 1	0.005 7	0.002 7	0.005 0
11	QG01 + 1	青干河		0.004 9	0.009 5	0.002 9	
12	QG02			0.006			
13	S61		56.7	0.004 4	0.007 8	0.003 1	0.013 5
14	S69		77.39	0.005 7	0.007 7		
15	YD01	沿渡河		0.004 3	0.007 5	0.002 9	
16	SS1		99.91	0.005 9		0.000 6	0.023 0
17	S95		124.15	0.006 5	0.009 0	0.001 16	0.007 7
18	DN01 左	大宁河				0.010 0	0.006 7
19	DN01 右					0.007 0	0.004 7
20	S103		140.65	0.004 5	0.007 9	0.205 0	0.279 0
21	S114		162.96	0.008 6	0.006 0		0.007 4
22	MX01	梅溪河		0.008 3	0.007 6	0.005 2	
23	S116		166.66		0.009 7	0.008 2	0.006 8
24	S123		179.89	0.005 3	0.002 7	0.010 2	0.017 6
25	S139		218.3	0.006 0	0.005 5	0.013 2	0.017 9

续表 2-3

序号	观测断面	所在位置	距坝/口门（km）	中值粒径（mm）			
				2015 年 6 月	2015 年 12 月	2016 年 6 月	2016 年 12 月
26	S143		227.34	0.010 1	0.008 4	0.009 3	0.013 8
27	DX01	磨刀溪		0.005 0	0.007 9	0.005 2	
28	S150		249.38	0.008 8	0.005 5		0.084 2
29	S154		253.92	0.004 6	0.009 5	0.011 2	0.011 9
30	XJ01	小江			0.006 0	0.013 5	
31	S160		266.73		0.010 8	0.008 0	0.014 2
32	S169		285.54	0.011 5	0.009 1	0.005 5	0.011 2
33	S182		312.13	0.014 0			0.021 6
34	S203		354	0.007 1	0.007 7	0.008 0	0.011 8
35	S206		358.73	0.007 7	0.007 7		0.006 5
36	S212		369.04	0.032 2			
37	S213		370.63	0.008 7	0.007 5	0.007 9	0.022 7
38	S219		382.76	0.011 5	0.013 5	0.007 5	0.015 4
39	S227		399.2	0.012 3	0.007 7	0.002 2	0.014 2
40	S243		433.59	0.008 5	0.008 7	0.012 2	0.024 2
41	S255		461.71	0.011 1		0.016 3	0.016 3
42	SQ01	渠溪河		0.011 9	0.010 1	0.011 9	
43	S263		478.04	0.014 8		0.022 1	0.072 3
44	S267		486.48	0.013 0		0.144 4	0.176 0
45	S269		488.51			0.012 3	0.034 1
46	S271		492.92	0.015 4	0.013 9	0.018 0	0.012 7
47	S272		495.34	0.012 7	0.013 3	0.040 5	0.024 9
48	S278		511.74	0.013 3	0.010 2	0.012 0	0.369 6
49	WJ01	乌江		0.006 4	2.250 0	0.005 5	
50	S293	长寿	538.55		0.012 9	0.012 0	0.160

续表 2-3

序号	观测断面	所在位置	距坝/口门 (km)	中值粒径（mm）			
				2015 年 6 月	2015 年 12 月	2016 年 6 月	2016 年 12 月
51	S311 + 1		573.18		0.016 5	0.097 6	0.042 6
52	S323		597.92	0.020 2	0.020 7	0.176 0	0.026 4

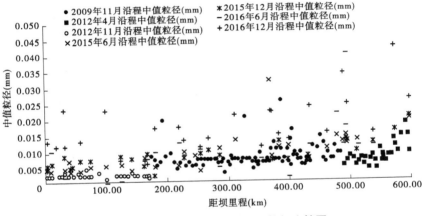

图 2-15　三峡水库沿程采样中值粒径比较图

2.1.2.2　丹江口水库

丹江口水库是 20 世纪 50 年代末期国家兴建的综合开发和治理汉江流域的大型水利枢纽工程,目前为亚洲库容最大的人工淡水湖。丹江口水库是一座蓄水型水库,具备较强的蓄洪能力。水库位于汉江与其支流丹江汇合口下游 0.8 km 处,是由汉江和丹江两个库区组成的并联水库,丹江口水库库区平面图见图 2-16,两个库区具有沿程宽、窄相间,湖泊型库段与河道型库段相间的库形特征,控制汇流面积 95 217 km²。丹江口水库初期规模正常蓄水位 157 m,总库容 174.5 亿 m³,其中汉江库容 94 亿 m³。丹江口枢纽大坝加高后正常蓄水位 170 m,总库容为 290 亿 m³,其中汉江库容 152.8 亿 m³。水库 1960 年开始滞洪,于 1967 年底蓄水运用。

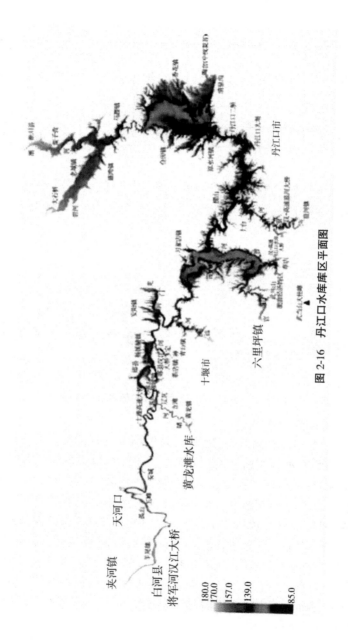

图 2-16 丹江口水库库区平面图

1. 水库来水来沙

汉江白河站年平均水量265.12亿 m³、年平均输沙量4 887.11万 t,分别占丹江口水库入库水沙量的74.31%、81.73%。堵河黄龙滩站年平均水量58.94亿 m³、年平均输沙量409.30万 t,分别占丹江口水库入库水沙量的16.52%和6.84%。丹江紫荆关站年平均水量15.80亿 m³、年平均输沙量440.53万 t,分别占丹江口水库入库水沙量的4.43%和7.37%。其余各站无论来水量还是来沙量所占比例均较小,见表2-4。

表2-4　入库水沙的地区组成

库区	河名	站名	距坝里程（km）	流域面积		年水量		年输沙量	
				面积（km²）	比例（%）	水量（亿 m³）	比例（%）	输沙量（万 t）	比例（%）
汉江	汉江	白河	203	59 115	71.21	265.12	74.31	4 887.11	81.73
	白石河	白岩	221	690	0.83	2.01	0.56	45.87	0.77
	天河	贾家坊	190	1 281	1.54	3.61	1.01	48.72	0.81
	堵河	黄龙滩	160	10 668	12.85	58.94	16.52	409.30	6.84
	汉江库区合计			71 754	86.43	329.68	92.40	5 391	90.15
丹江	丹江	紫荆关	133	7 060	8.50	15.80	4.43	440.53	7.37
	滔河	江湾	97	781	0.94	2.57	0.72	32.69	0.55
	淅水	西峡	122	3 418	4.12	8.72	2.44	115.67	1.93
	丹江库区合计			11 259	13.56	27.09	7.59	588.89	9.85

丹江口水库年来水量中汉江库区占92.41%,丹江库区占7.59%;年来沙量汉江库区占90.15%,丹江库区占9.85%,丹江口水库来水和来沙绝大多数来自汉江库区。

丹江口水库入库水沙的年内组成为:全年来水量汛期占67% ~ 82%,枯水期占18% ~ 33%;年来沙量汛期占88% ~ 98%,枯水期占2% ~ 12%。水量和沙量年内分配不均,来水量和来沙量主要集中于汛期,来沙量集中程度远远高于来水量。

2.库区淤积形态及分布

丹江口水库的淤积是自上至下逐段发展的,目前,汉江干流沿程纵向淤积形态(见图2-17)大致分成4段:库区距坝177.4~92 km库段已进入悬移质输沙动平衡阶段;距坝92~56.7 km的常年回水区上段,属目前的重点淤积区,淤积发展速度较快;距坝56.7~37.3 km的回水区中段属一般淤积区;距坝37.3 km至坝前段属常年回水区下段,尚处于水库淤积初级阶段,为悬移质中冲泻质及异重流淤积区,淤积量尚较少。

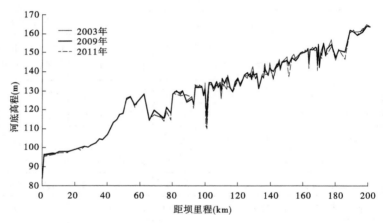

图2-17 汉江干流库区沿程深泓点淤积纵剖面

1960~2003年,丹江口水库在正常蓄水位157 m时,全库总淤积量16.18亿 m^3,干流库区淤积13.89亿 m^3,占85.85%;支流库区2.29亿 m^3,占14.15%。在秋汛防洪限制水位152.5 m时,全库总淤积量16.41亿 m^3,干流库区14.07亿 m^3,占85.74%;支流库区2.34亿 m^3,占14.26%。在夏汛防洪限制水位149 m时,全库总淤积量15.78亿 m^3,干流库区13.32亿 m^3,占84.41%;支流库区2.46亿 m^3,占15.59%。在设计低水位139 m时,全库总淤积量12.30亿 m^3,干流库区10.51亿 m^3,占85.45%;支流库区1.79亿 m^3,占14.55%。不同水位时,干流库区和支流库区淤积量所占的比例比较接近。总的来看,干流库区淤积量在85%左右,支流库区淤积量在15%左右;而在干流库区中,汉江库区淤积量占全库的70%左右,淤积主要发生在汉江库区,具体淤积情况见表2-5。

表2-5 1960～2003年丹江口水库淤积量分布

库区及项目			吴淞基面（m）					
			157	152.5	149	145	139	130
干流库区淤积	汉江	淤积量（亿 m³）	11.89	11.72	11.34	10.60	9.23	6.97
		比例（%）	73.49	71.42	71.86	69.37	75.04	74.87
	丹江	淤积量（亿 m³）	2.00	2.35	1.98	2.40	1.28	1.12
		比例（%）	12.36	14.32	12.55	15.71	10.41	12.03
干流库区合计		淤积量（亿 m³）	13.89	14.07	13.32	13.00	10.51	8.09
		比例（%）	85.85	85.74	84.41	85.08	85.45	86.90
支流库区淤积	汉江	淤积量（亿 m³）	2.00	2.08	2.25	2.15	1.79	1.22
		比例（%）	12.36	12.68	14.26	14.07	14.55	13.10
	丹江	淤积量（亿 m³）	0.29	0.26	0.21	0.13	—	—
		比例（%）	1.79	1.58	1.33	0.85	—	—
支流库区合计		淤积量（亿 m³）	2.29	2.34	2.46	2.28	1.79	1.22
		比例（%）	14.15	14.26	15.59	14.92	14.55	13.10
全库总计淤积量（亿 m³）			16.18	16.41	15.78	15.28	12.30	9.31

3. 库区淤积物特性

干流库区泥沙颗粒组成见表2-6,以汉江库段15和库段45中的淤积物为例可以看出,汉江库区常年回水区泥沙颗粒组成以泥土为主,泥土占81.9%～100%,沙子占0～18.1%,没有卵石和砾石;变动回水区泥沙颗粒组成以沙子为主,沙子占46.8%～98%,泥土占1%～30.8%,卵石占0～27.9%、砾石占0～23%。1983年,汉江全流域发生大洪水后,汉库15淤积物颗粒组成中泥土含量减少,沙子含量明显增加,仍没有卵石和砾石,但颗粒组成仍然以泥土为主。大洪水后的

1984 年、1987 年颗粒组成比例又大致恢复到 1983 年以前的情况。

表 2-6 干流库区泥沙颗粒组成　　　　　　　　　（％）

断面	年份	中值粒径（mm）	泥土	沙子	砾石	卵石
汉库15	1974	0.041	95.4	4.6	0	0
	1979	0.019	98.9	0.1	0	0
	1982	0.028	91.6	8.4	0	0
	1983	0.064	81.9	18.1	0	0
	1984	0.025	97.7	2.3	0	0
	1987	0.012	100	0	0	0
汉库45	1974	0.465	10.6	54.9	23	11.5
	1979	0.662	14.4	46.8	10.9	27.9
	1982	0.4	0.9	67.1	9.9	22.1
	1983	0.284	30.8	69.2	0	0
	1984	0.416	1.6	92.8	4	1.6
	1987	0.36	1	98	1	0

1983 年汉江大洪水后,汉库 45 淤积物颗粒组成中泥土含量增加,粗粒径的卵石和砾石含量消失,但颗粒组成仍然以沙子为主。1984年、1987 年颗粒组成比例出现沙子含量大大增加的情况,其他颗粒含量均很少。从中值粒径变化来看,1983 年汉江大洪水时,淤积物颗粒的中值粒径汉库 15 较粗,而汉库 45 较细,表明洪水期间,由于水流的流速快、流量大,大量的沙子被挟带到常年回水区沉积,而较细的泥土则在变动回水区淤积。

2.1.2.3　其他流域水库淤积状况

珠江流域作为南方河流的重要流域已建成大型水库共 32 座,中型水库共 279 座,小型水库则更多。这些众多的水库也不同程度地存在泥沙问题,影响着效益的发挥,有的甚至造成水库报废。

珠江流域的北江、东江含沙量较小,水库淤积造成的库容损失一般不是十分严重;西江虽属少沙河流,然而由于其水量大,输沙量也大,多年平均输沙量为 7 180 万 t,因此水库淤积造成的库容损失仍然是严重的。如广西百色地区的百东河水库1958年建成,到1982年泥沙淤积量为1 181万 m³,占有效库容的32%;融水县兰马水库(见图2-18)因泥沙淤积损失有效库容4/5,造成工程报废;岑溪县近10年来有1 400多座山塘被泥沙淤满而报废。贵州罗甸县边阳水库(见图2-19)1958年兴建,设计有效库容80万 m³,10年时间被淤积60万 m³,造成垮坝再重建;贞丰县管路水库库容50万 m³,建成12年后就淤满报废。云南陆良县响水坝水库建成20多年,淤积泥沙712万 m³,占有效库容的36%。以上水库都修建在西江水系上,由于设计上未考虑设置排沙设施,以致库内淤积泥沙无法排泄,造成有效库容严重损失。

图 2-18　兰马水库

图 2-19　边阳水库

2.2 水库淤积特征差异

2.2.1 淤积形态

2.2.1.1 纵剖面淤积形态

实测资料表明,水库淤积的纵剖面形态可以分为以下几种类型:

(1)三角洲淤积;

(2)带状淤积;

(3)锥体淤积。

有些水库的淤积形态比较复杂,介于上述几种基本形态之间,或兼有几种形态,这是由水库的特定条件所决定的。在研究水库淤积的形态和规律时,必须对具体情况作具体分析。现将三种基本淤积形态分述如下。

1. 三角洲淤积

三角洲淤积形态比较广泛地出现在相对库容较大、来沙组成较粗、水库蓄水位变幅较小、库区地形开阔之处,修建在永定河上的官厅水库便是一个典型。根据纵剖面外形及床沙粒径级配的沿程变化特点,可将淤积区分为以下五段:

(1)三角洲尾部段;

(2)三角洲顶坡段;

(3)三角洲前坡段;

(4)异重流淤积段;

(5)坝前淤积段。

三角洲尾部段是天然河流进入壅水区的第一段,此处挟沙水流处于超饱和状态,明显地呈现出水流对泥沙的分选作用,淤积物主要是推移质和悬移质中的较粗部分。实测资料表明,淤积物中 $d < 0.08$ mm 的泥沙在本段起点处仅占10%,在终点处则占90%左右,说明具有明显的床沙沿程细化现象。

三角洲顶坡段的挟沙水流已趋近于饱和状态,顶坡坡面一般与水面线接近平行,水流接近均匀流。与水流条件相适应,坡顶上的床沙组成沿程变化不大,无明显的床沙沿程细化现象。顶坡段的平均比降可以作为水库的淤积平衡比降。平衡比降一般要比原始河床的比降更为平缓。美国31座水库及我国14座水库的实测资料说明,平衡后的坡降约相当于原河床比降的1/2。

三角洲前坡段的主要特点是:水深陡增、流速剧减,水流挟沙力也大大减小,挟沙水流又一次处于超饱和状态,泥沙在此再一次发生淤积和分选,其结果使三角洲不断向坝前推移,河床沿程细化。官厅水库1956~1958年三年资料表明,三角洲向坝前推进的速度是每年3 km左右。

异重流淤积段的主要特点是:异重流潜入后,因进库流量减小或其他原因,部分异重流未能运行到坝前便发生滞留现象,造成淤积。淤积的泥沙组成较细,官厅水库的资料表明,80%以上的泥沙小于0.02 mm,粒径沿程几无变化,基本上不存在分选作用。淤积分布比较均匀,其淤积纵剖面大致与库底平行。

坝前淤积段的主要特点是:这里的泥沙淤积是由于不能排往水库下游的异重流在坝前形成了浑水水库,泥沙几乎以静水沉降的方式慢慢沉淀,落淤的泥沙全为细颗粒,淤积物表面往往接近水平。

根据官厅水库实测资料的分析,淤积的泥沙大量分布在三角洲上,其淤积的沙量占进库总沙量的60%左右,而异重流淤积段只占10%左右,其余30%淤在坝前或排往下游。

必须指出,三角洲淤积形态并非只在北方地区以防洪减淤等公益性为主的多沙河流水库中出现,在南方地区以经济效益为主的少沙河流水库中,尽管进库含沙量不大,只要库水位年内变幅不是太大,库区也会出现三角洲淤积形态。

2. 带状淤积

淤积物自坝前一直分布到正常高水位的回水末端,并呈带状均匀淤积的是带状淤积。根据水库运用情况和水流泥沙运行特点,可以将淤积地区分为以下三段:

(1)变动回水区;

(2)常年回水区行水段;

（3）常年回水区静水段。

变动回水区是指最高与最低库水位的两个回水末端范围内的库段。在此范围内淤积的泥沙较粗，绝大部分是推移质和悬移质中的较粗部分，淤积分布也较均匀。在此段，由于水库的多年调节作用，水位变化具有周期性，水流条件也发生相应变化。当库水位较高时，回水末端位居上游，较粗泥沙便开始在此淤积；当库水位下降后，回水末端向下游移动，原来高水位淤积的泥沙被冲到下游，并在下游回水末端处淤积，这样便形成了比较均匀的带状淤积。因为淤积的沙量甚少，而泥沙组成又很细，高水位时淤积的泥沙在低水位时被水流冲到下游，因此未能形成三角洲淤积。此外，由于水流条件的周期性变化，不同运用时期、不同水流条件对泥沙的分选作用，还在横断面上形成粗细泥沙沿铅直方向分层交错的现象。库水位下降时，回水末端以上的河段恢复成天然河道，河床发生冲刷，形成一定宽度的主槽。

常年回水区行水段是指最低库水位回水末端以下具有一定流速的库段。此段除首端略有少量推移质淤积外，主要是悬移质淤积。因为含沙量少、泥沙细，而水流沿程变化又较小，因此淤积范围长，分布也较均匀，仅为一很薄的淤积层，不足以形成三角洲淤积。

常年回水区静水段是指坝前水流几乎为静水的库段，此段为悬移质中的极细泥沙，以静水沉降方式沉淀到库底形成淤积，其淤积分布极为均匀，基本上是沿湿周均匀薄淤一层。

3. 锥体淤积

锥体淤积形态的主要特点是坝前淤积多，泥沙淤积很快发展到坝前，形成淤积锥体，与上述大型水库先在上游淤积，然后向坝前推进发展的淤积形式完全不同。当水库淤满后，河床纵比降比原河床纵比降小，此后淤积继续向上游发展。

上述淤积特点，首先，由于水库壅水段短、底坡大、坝高小、进库含沙量大等因素综合造成。因为底坡大、坝高小，所以水流流速较大，能将大量泥沙带到坝前淤积；又因进库含沙量大，所以造成坝前淤积发展很快。其次，异重流淤积也是重要原因之一，因为水库壅水段短、底坡大，异重流常常能运行到坝前。最后，由于水库小，异重流到坝前之后即逐渐排挤清水,并和清水相互混合,使水库的清水完全变浑,异重流随之消失,挟带的泥沙便在坝前大量淤积。

在北方地区以防洪公益性为主的多沙河流上的大型水库,在一定条件下也会出现锥体淤积形态。如黄河干流上的三门峡水库,在滞洪运用时期,因库水位较低,库区流速较大,大量泥沙被带到坝前淤积。因此,出现锥体淤积形态。

南方地区以经济效益为主的少沙河流上的水库,尽管含沙量不大,但由于坡陡流急、回水短,也出现锥体淤积形态。

2.2.1.2 淤积横断面形态

冲积平原河道的横断面形态一般是滩槽分明的。修建水库后,通过淤积及淤积之后的冲刷,横断面形态会发生极为复杂的变化。尽管如此,其变化仍有一定的特点和规律。

1. 淤积的横向分布

水库发生单向淤积时,由于来水来沙及边界条件的不同,造成淤积横向分布的不同。常见的悬移质淤积分布有以下四种形态。

(1)淤积面水平抬高。淤积面从河槽最深处开始,向上水平抬高,淤积物呈泥浆状,从而具有一定流动性的异重流淤积段、及流速甚小的浑水水库及坝前段。

(2)沿湿周等厚淤积。这种淤积形态多出现在流速和含沙量较小、泥沙粒径较细,但又形不成异重流的坝前段。在这种条件下,含沙量及泥沙粒配沿横向分布均匀,为沿湿周等厚淤积提供了前提。在某些峡谷断面中也出现这种情况,这是因为,这里虽然含沙量较大且粒径也较粗,但两者沿横向分布都较均匀。

(3)淤槽为主。一种情况是,在库身甚宽的条件下,主流区虽然流速较大,但来沙量也较多,泥沙将集中在主槽区落淤,待主槽淤至较两侧床面为高时,将出现主槽移位现象,以后泥沙又将集中在新的主槽中落淤,直至全断面普遍淤高。另一种情况是,库身甚宽但又不是太宽,自然条件下河身有江心洲存在,主槽位于江心洲一侧,汛期主流取直,主槽出现回流淤积,枯季主流走湾,主槽的淤积物被冲走,年内保持平衡。建库后,如果这一段出现累积性淤积,原来的主槽可能被淤死,水库水位消落时已不能将原来的主槽冲开,出现主支槽易位的现象。

(4)淤滩为主。这种现象仅出现在局部地区,例如弯道凸岸,水位壅高后,主流取直,凸岸边滩会发展壮大;又如某些河岸凹陷处,自然情况下丰水期淤积,枯水期冲刷,年内能维持平衡。建库后,始终维持比较高的水位,淤积会发展下去直到平衡状态。

2. 淤积后的冲刷

水库在水位消落期或汛期泄洪排沙时,原来的淤积物将受到某种程度的冲刷。这样的冲刷一般集中在较小的宽度内进行,只要水库有足够的流量或比降,或者两者兼而有之,水流就会在库区拉出一条深槽,恢复横断面滩槽分明的河道形态,形成一个有滩有槽的复式断面。所谓"冲刷一条带"就是指这种情况。

以陕西黑松林水库为例,1962 年以前采用拦洪蓄水运用方式,水库淤积严重,整个横断面基本上已经淤平,滩槽界线已经消失。1962年以后,为了减轻水库的淤积,改用蓄清排浑的运用方式,汛期泄空排沙,非汛期蓄水运用,不仅大大减轻水库的淤积量,而且在横断面形态上又开始出现明显的滩槽界线,在原来平淤的库底上拉出一条深槽,形成复式断面。

上述淤积和冲刷过程的综合结果,使库区横断面的发展变化具有所谓"死滩活槽"的规律。即滩地只淤不冲,滩面逐年淤高;主槽则有淤有冲,在采用合理运用方式的条件下,淤废的主槽可以复活,使库区保持一条相对稳定的定深槽,不致被泥沙淤死。

实际观测成果表明,当库区滩地上水以后,水浅流缓,大量泥沙沉淀,水位越高,滩面淤积也越高。淤在滩地上的泥沙,除水库泄空,表层稀泥部分滑入主槽下泄,以及槽壁坍塌时,使部分滩地泥沙因而冲入主槽下泄外,绝大部分都保留下来,而且槽壁的摆动冲刷还会由继之而来的另一岸的淤积而得到补偿,结果是滩地越淤越高,形成"死滩"。主槽则不同,当库水位抬高时,主槽淤积;当库水位下降甚至水库泄空时,主槽中淤积的泥沙被冲走。结果是,就多年平均情况而言,将出现一条相对稳定的主槽,即为"活槽"。

上述"冲刷一条带"和"死滩活槽"的规律不仅出现在北方地区以防

洪减淤等公益性为主的多沙河流上,南方地区以经济效益为主的少沙河流上也同样存在,唯一不同的是,水库中滩地淤高的速度要缓慢得多。

2.2.2　淤积物特性

水库悬移质淤积物组成的基本特点是:淤积物的粒径是自上而下沿程细化的。但这种细化并不是逐渐完成的,而是集中在两个区段。如官厅水库,一个在变动回水区,即三角洲的尾部段,另一个在常年回水区的三角洲前坡段。显然,随着三角洲的向前推进,集中细化区将日益向坝身靠近,以至最后趋于消失。与此同时,由于三角洲向前推进时,三角洲顶坡段的高程将相应上升,由此引起的回水曲线抬高将进一步向上游发展,结果是第一个集中细化区将日益向上游推进。

从淤积泥沙特征区域性来看,统计不同流域 52 座水库(见表 2-7)的淤积泥沙中值粒径 d_{50} 数据见图 2-20。

表 2-7　不同流域水库统计

流域	水库数量	水库名称
黄河流域	8	刘家峡水库、盐锅峡水库、八盘峡水库、天桥水库、三门峡水库、龙羊峡水库、青铜峡水库、小浪底水库
长江流域	26	渔子溪水库、映秀湾水库、南桠河水库、龚嘴水库、铜街子水库、大洪河水库、宝珠寺水库、乌江渡水库、黄龙滩水库、丹江口水库、葛洲坝水库、白莲河水库、胡家渡水库、五强溪水库、柘溪水库、东江水库、西洱河水库、以礼河水库、六郎洞水库、大寨水库、鲁布革水库、绿水河水库、石泉水库、安康水库、石门水库、碧口水库
珠江流域	3	天生桥水库、大化水库、西津水库
海河流域	1	官厅水库
松花江、辽河流域	4	大伙房水库、恒仁水库、白山水库、丰满水库
浙闽片河流域	7	湖南镇水库、黄坛口水库、新安江水库、富春江水库、江厦潮水库、水口水库、上犹江水库
西北诸河流域	3	克孜尔水库、石城子水库、特日勒嘎水库

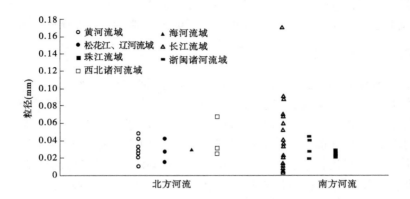

图 2-20　不同流域 52 个水库淤沙级配情况

2.2.2.1　北方河流水库

北方河流水库,淤积泥沙相对较细,我国北方多为季节性河流,水库建好后,为了提高供水保证率,汛期必须多蓄水,并且河流的泥沙来源于地表侵蚀。相较南方河流水库,北方河流水库淤积泥沙床沙中值粒径较小,北方河流水库淤积泥沙中值粒径 d_{50} 最大,为 0.067 mm。水库床沙粒配范围较窄,拣选系数 $\sqrt{d_{75}/d_{25}}$ 的变化范围在 1.5 左右,且淤积泥沙颗粒较细,同一流域表现为,上游水库泥沙颗粒较粗,下游水库泥沙颗粒较细。

北方河流水库淤积一般为沙质河床,流域径流与泥沙相关关系一直很好,随着径流的减少,泥沙也相应减少。但泥沙级配变化没有径流和泥沙变化那么大,相对比较稳定。河流的泥沙来源于地表侵蚀,而地表侵蚀的强弱取决于区内下垫面状况、气候因素、人为因素。下垫面状况是引起地表侵蚀的根本,气候因素则是地表侵蚀的外部条件,人为因素则起加速或延缓侵蚀的作用。

2.2.2.2　南方河流水库

南方河流水库多为沙夹卵石河床,床沙粒配范围较宽,拣选系数 $\sqrt{d_{75}/d_{25}}$ 的变化范围可达 10 以上,淤积泥沙床沙粒配范围较宽,以长江流域为例,床沙粒配中值粒径 d_{50} 变化范围为 0.003 ~ 0.17 mm。南方河流水库泥沙输移特性及泥沙组成等与北方河流水库不同,其主要原因如下:

(1)南方河流水库坡度与河床比降较大,水流速度大,水流的冲刷能力和搬运能力强;河床泥沙粒径粗且级配很宽,如重庆龙河流域上的石柱水文站测得床沙的最大粒径达 2 m,而最小粒径则为 0.01 m。

(2)南方河流水库河床多由砂卵石组成。由于南方河流水库水流的特点,使得在南方河流水库中很少有悬移质淤积。推移质在小水时,粒径范围小,而在大水时,水中一部分推移质将变成悬移质,即推移质的粒径级配将随水流的大小发生变化。

(3)水流强度大,挟沙能力大,而实际的泥沙补给远不能满足水流的挟沙能力,因此南方河流水库水流的输沙多为不平衡输沙。

(4)南方河流水库冲淤特性有其自身的特点,其河槽常存在大小不等的浅滩和深塘。其冲淤特点为小水时冲滩淤槽,大水时冲槽淤滩。

2.3　水库淤积成因

河流上修建水库后,库区便发生淤积。其原因是坝前水位抬高、过水面积加大、流速减缓,从而使水流挟沙力降低。修建水库破坏了天然河流的平衡,造成泥沙在库区的大量落淤。通过淤积,又在库区逐渐形成了适应新的边界条件的新河道,使来沙能够全部通过水库下泄,这就是水库上游再造床的全过程。在水库淤积发展中,悬移质淤积首先达到平衡。这时,淤积体已经到达坝前,洲面形成高滩深槽,河势比较稳定,洲面悬移质淤积物的级配和水库下游河道床沙级配比较接近。概括而言,在以悬移质运动为主的河流上修建较大的水库时,从输沙平衡的角度看,水库的终极平衡状态需满足:悬移质输沙平衡;推移质中的粗沙部分达到输沙平衡;推移质中的卵石大部分成为水库中的永久性淤积物,这部分来沙所占比例极小,不影响整个水库终极平衡状态的建立。

水库的可用库容包括槽库容和滩库容两部分,其中槽库容通过水库的合理运用可以长期保持,滩库容则每隔一定的时间将因滩地上水而因时递减。在库区建立起与来水来沙和河床组成相适应的平衡河床后,淤积就达到终极平衡状态。但之后不是说水库就不再发生冲淤变化了,它与来水来沙条件和水库运用方式有关,即使在一种水库运用方式下,由于来水来沙条件的变化,库区也发生相应的冲淤变化,在一定运用周期内库区达到平衡。从水库投运到库区达到终极平衡状态,水库冲淤调整的变化可以概括为"死滩活槽""淤积一大片,冲刷一条线"的特点。由此也可以看出,滩地淤积很难被冲刷,即滩地库容损失后难以恢复;保持有效库容长期使用主要取决于槽库容,槽库容调整的大小又主要取决于坝前水位的变幅,以及比降和水面宽的变化,后者又与原来河床条件和来水来沙条件有关。

　　无论是北方地区以防洪减淤等公益性为主的多沙河流水库,还是南方地区以经济效益为主的少沙河流水库,影响水库淤积的因素主要包括入库径流量、入库沙量和入库来沙组成在内的入库水沙条件,水库淤积形态和水库淤积物组成在内的水库河床边界条件,以及库水位、坝前水深条件等相对应的水库调度运行方式等。

2.3.1　入库水沙条件

　　入库径流量、入库沙量和入库来沙组成等入库水沙条件是影响床沙起动、水沙输移的主要因素。

2.3.1.1　床沙起动

　　谢鉴衡、陈媛儿床沙半经验起动流速公式为

$$U_c = \psi \sqrt{\frac{\rho_s - \rho}{\rho} g d} \frac{\lg \dfrac{11.1h}{\varphi d_m}}{\lg \dfrac{15.1d}{\varphi d_m}} \qquad (2\text{-}1)$$

$$\psi = \frac{1.12}{\varphi} (d/d_m)^{1/3} \left(\sqrt{\frac{d_{75}}{d_{25}}} \right)^{1/7} \qquad (2\text{-}2)$$

式中　U_c——起动流速,m/s;

ψ——无量纲系数；

h——水深，m；

d_m——平均床沙粒径，mm；

d——床沙粒径，mm；

φ——考虑起动条件，与静力滑动相比，黏结力应有所减小的修正系数，取2；

ρ_s——泥沙的密度；

ρ——水的密度；

g——取 9.8 m/s²。

入库径流量影响水库水流条件，入库径流量越大，水库水流断面垂线流速越大，当近床流速大于 U_c 时，床面泥沙发生起动，冲刷河床，从而实现减淤。

2.3.1.2　水沙输移

在河流上修建水库，库内即会发生淤积。不论大、中、小型水库，在含沙量不是很高的条件下，只要水库有所蓄水，坝前水位有所提高，便会发生泥沙的大量淤积。产生淤积的实质，显然是由于水位升高、过水面积加大、流速减缓，从而使水流挟沙能力降低所致。在一定的水流和泥沙综合条件（包括水流的平均流速、过水断面面积、水力半径、清水水流的比降、浑水水流的比降、泥沙沉速、水的密度、泥沙的密度和床面组成等边界条件）下，水流能够挟带的悬移质中的床沙质的临界含沙量为 S_*。

当水库中水流悬移质中的床沙质含沙量超过临界含沙量 S_* 时，处于超饱和状态，水库将发生淤积。反之，当水库中水流悬移质中的床沙质含沙量不足临界含沙量 S_* 时，水库中水流处于次饱和状态，水库水体将向床面补给，水库将不会发生淤积。武汉大学张瑞瑾凭借对大量实际资料的分析和水槽中阻力损失及水流脉动流速的试验研究成果，在"制紊假说"的指导下，提出了水流挟沙力公式，即

$$S_* = k \left(\frac{U^3}{gR\omega} \right)^m \tag{2-3}$$

$$\omega = \sqrt{\left(13.95\frac{\nu}{d}\right)^2 + 1.09\frac{\gamma_s - \gamma}{\gamma}gd} - 13.95\frac{\nu}{d} \qquad (2\text{-}4)$$

$$k = \frac{\rho_s k_v}{a^m} \qquad (2\text{-}5)$$

$$a = \frac{\gamma_s - \gamma}{\gamma} \qquad (2\text{-}6)$$

式中　S_*——悬移质水流挟沙力,kg/m³;

　　　U——平均流速,m/s;

　　　R——水力半径,m;

　　　ω——泥沙沉速,m/s;

　　　ρ_s——泥沙密度,kg/m³;

　　　g——重力加速度,m/s²;

　　　γ_s——泥沙重度,N/m³;

　　　γ——水的重度,N/m³;

　　　ν——黏滞系数,m²/s;

　　　d——粒径,m;

　　　k_v——无量纲系数。

入库径流量、入库沙量和入库来沙组成等入库水沙条件是影响水库水流挟沙力的主要因素。入库径流量影响水库中水流的平均流速,入库沙量和入库来沙组成影响水库中水流挟带的悬移质中的床沙质的沉速。入库径流量越大,水库中水流的平均流速越大,水流能够挟带的悬移质中的床沙质的临界含沙量 S_* 越大;水库来沙中值粒径越大,水库中水流挟带的悬移质中的床沙质的沉速越大,水流能够挟带的悬移质中的床沙质的临界含沙量 S_* 越小。

2.3.2　水库边界条件

根据断面泥沙质量守恒可得到泥沙连续方程,即:

$$\frac{\partial}{\partial t}(AS) + \frac{\partial}{\partial x}(AUS) + \rho'\frac{\partial A_0}{\partial t} + S_l q_l = 0 \qquad (2\text{-}7)$$

式中　A——过水断面面积,m²;

S——过水断面上的平均含沙量,kg/m³;

U——过水断面平均流速,m/s;

ρ'——床沙干密度,kg/m³;

A_0——河床断面冲淤面积,m²;

S_l——断面上两岸的泥沙含沙量,kg/m³;

q_l——断面上两岸的汇流量,m²/s。

水库边界条件中的水库淤积形态,包括纵剖面淤积形态和横断面淤积形态。不同断面决定了河床断面的冲淤面积 A_0,直接影响水库过水断面的含沙量及水流条件,进而影响水库过水断面的淤积。

对于水库床沙组成,式(2-7)中的床沙干密度 ρ' 也与水库床沙组成有关系,和水库淤积形态一样,将会对水库断面水沙产生直接影响,进而影响水库的淤积情况。同时,由于粗颗粒受暴露作用的影响,相对容易起动,而细颗粒则受隐蔽作用影响,相对较难起动,不同的床沙组成,根据式(2-1),将直接影响床沙的起动,进而根据式(2-3),在一定的水流能够挟带的悬移质中的床沙质的临界含沙量 S_* 下,会影响泥沙悬移质中的床沙质的沉降,进而影响水库淤积。

2.3.3 水库调度方式

不考虑源汇项的一维非恒定流连续方程为

$$\frac{\partial A}{\partial t} + \frac{\partial Q}{\partial x} = 0 \qquad (2\text{-}8)$$

式中 A——过水断面面积,m²;

Q——过水断面流量,m³/s。

通过有限差分方法可以得到:

$$\frac{H_j^{n+1} - H_j^n}{\Delta t} + \frac{(HU)_j^n - (HU)_{j-1}^n}{\Delta x} = 0 \qquad (2\text{-}9)$$

式中 j、n——一点上变量值所对应的 (x,t);

H——各节点的水深,m;

U——各节点的平均流速,m/s。

当 j 取 0,n 取 0 时,H_0^0 为坝前水深,m。

不同的调度运用方式下,库水位及对应的坝前水深 H_0^0 相应也不同,根据式(2-9)可知,H_0^0 将直接影响过水断面的水流条件。根据式(2-3),水流流速的变化将影响水流挟沙力的变化,进而影响水库库区的淤积。

第 3 章   水库淤积影响评估

水库淤积影响评估包括泥沙淤积对水库功能影响评估、水库淤积风险评估。前者应针对泥沙淤积对水库自身和防洪安全(包括水库正常运行和大坝安全、库区与下游河道的防洪安全)、社会与经济、生态与环境等功能的影响,开展评估;后者主要针对不同时期泥沙淤积的风险程度进行评估,为行政决策是否开展水库清淤等工程措施,提供直接判据。

3.1   水库淤积危害

水库泥沙淤积对水库运用和上下游河流产生的不良影响是多方面的,主要有对大坝与防洪安全的影响、对社会与经济的影响及对生态与环境的影响等。

3.1.1   对大坝与防洪安全的影响

3.1.1.1   影响水库防洪安全及效益

泥沙淤积会侵占水库防洪库容,使水库防洪标准降低,直接影响水库防御洪水的能力,降低防洪效益;若水库调节不好,易发生"大水带小沙,小水带大沙"的不利局面,造成下游河槽的淤积,对防洪极为不利,使其防洪保护范围和人口发生变化。

3.1.1.2   影响坝前建筑物正常运用

水库淤积对坝体的影响,最危险的是堵塞泄水孔洞,特别在汛期,漂浮的树木杂草连同泥沙一并堵塞泄水孔洞,将会造成严重问题。当淤积体推进至坝前时,会对坝体产生一定的压力,进而对坝体的稳定性产生一定的影响;同时,将改变机组进口水流的方向,影响机组发电效率,并增加过机泥沙含量,从而磨损水轮机,甚至影响水电站的正常运行。

3.1.1.3　影响库区河道形态

水库泥沙淤积过多,将造成水库淤积末端向上游延伸,进一步扩大水库淹没、浸没的范围,造成淤积上延的"翘尾巴"现象。

3.1.2　对社会与经济的影响

3.1.2.1　影响水库功能发挥

大量泥沙的淤积减少了水库的有效库容,进而对设计的灌溉、供水及发电等综合效益产生影响,有些效益可能会因为泥沙淤积受到严重影响而直接发挥不出。

3.1.2.2　影响库区航运

由于水库回水变动区泥沙的淤积,常常造成航深、航宽不足,影响通航,特别是一些大型水库,因水库水位变幅大,使回水变动区的河势处于一种不稳定状态,对航行不利。

3.1.2.3　影响库区旅游和养殖等经济效益

泥沙淤积会使卵石浅滩等产卵区被泥沙埋没,使鱼类不能繁殖,它们不得不迁往支流,致使支流鱼群拥挤,缺乏足够饲料而影响生长。同时,库区淤积将影响旅游可利用的集水面积和集水质量,从而制约旅游经济发展。

3.1.3　对生态与环境的影响

3.1.3.1　污染水质、制约生物多样性

泥沙是有机和无机污染物的载体,沉积在库区的泥沙对水质影响很大,从而影响生物存活,制约生物多样性。

3.1.3.2　加速土地盐碱化等

随着水库集水面积减小,其周围的生态环境将逐步恶化;对河口来说,特别是少沙河流,缺少泥沙补给后,将使河口地区受到严重的海岸侵蚀,盐水倒灌,影响河口地区的生态健康。同时,水库泥沙淤积过多会造成水库淤积末端向上游延伸,被淹没的地区会不断扩大,一定程度上造成库区两岸盐碱地面积扩大。

3.2 泥沙淤积对水库功能影响评估

3.2.1 评估指标体系

泥沙淤积对水库影响评估指标的选择既要反映不同水库的差异性,又要体现水库的共性,既要立足于水库的淤积现状,又要考虑淤积的发展趋势。在参考"水利措施产品指标体系及成本指标体系"的基础上,建立了如图 3-1 所示的水库泥沙淤积评估指标体系。各指标的意义如表 3-1 所示。泥沙淤积对不同水库造成的影响可通过上述全部或部分指标体现。若水库影响只涉及上述部分指标,在采用层次分析法确定指标权重前,对没有涉及的指标,权重与指标均取值为 0。

3.2.2 评估指标计算

确定评估指标权重的方法有多种,大体上可以分为两类:一类是主观赋权法,如层次分析法、德尔菲法等;另一类是客观赋权法,如因子分析法、均方差决策法、回归分析法、灰色关联度法、主成分分析法等。

水库淤积影响评估考虑到泥沙淤积造成的影响既涉及可量化的经济指标,也涉及不可量化的环境指标和社会指标,加之部分指标数据序列获取困难。因此,基于层次分析法采用成对比较法和九标度法构造判断矩阵来确定指标权重。当有多个专家分别构造多个判断矩阵时,为了较好地兼顾不同意见,可通过一致性检验和指标权重计算后,采用算术平均法将各指标权重进行平均,得到最终的指标权重。

水库淤积计算包括定量指标值的计算和定性指标值的计算。对于定量指标值,需要比较泥沙淤积发生前后其代表的水库功能的改变。假设淤积前指标代表的某项水库功能值为 F,泥沙淤积造成的改变量为 $|\Delta F|$,则指标值计算公式可表示为

$$d_i = |\Delta F| / F \tag{3-1}$$

式中 d_i——泥沙淤积对指标 i 的影响值,取值范围为 $[0,1]$,该值越大,表示泥沙淤积对该功能的影响越大。

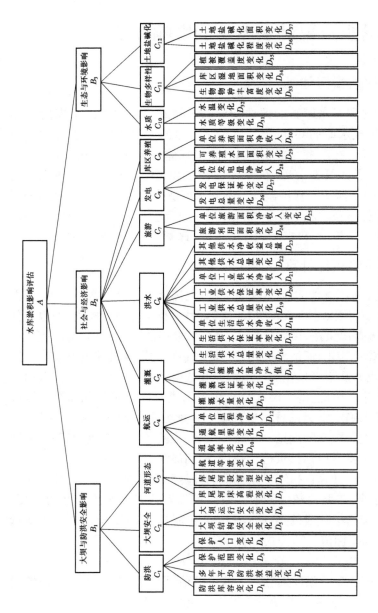

图 3-1　水库泥沙淤积评估指标体系

表 3-1 指标体系的指标说明

指标	说明
D_1	反映泥沙淤积造成的防洪库容减小程度
D_2	反映泥沙淤积造成的多年平均防洪效益减少程度
D_3	反映泥沙淤积造成的库区及其下游防洪保护范围减小程度
D_4	反映泥沙淤积增加库区尤其是库尾淹没面积,造成库区移民数量的增加程度
D_5	反映泥沙淤积增大大坝泥沙压力,造成大坝结构安全等级变化程度
D_6	反映泥沙淤积造成的大坝运行安全等级改变程度
D_7	反映泥沙淤积造成的库区或库尾河底高程抬升程度
D_8	指因为泥沙淤积造成库尾河段由原来顺直或弯曲河型转化为分汊河型,甚至转化成游荡河型,反映库尾河型变化程度
D_9	反映泥沙淤积造成的库区航道等级变化程度
D_{10}	反映泥沙淤积造成的库区航道正常通航历时的改变程度
D_{11}	反映泥沙淤积造成的库区通航里程长度的缩短程度
D_{12}	反映泥沙淤积造成的库区通航单位里程净收入的降低程度
D_{13}	反映泥沙淤积造成的水库灌溉供水量的减少程度
D_{14}	反映泥沙淤积造成的水库灌溉供水保证率的降低程度
D_{15}	反映泥沙淤积造成的水库单位灌溉水量净产值的降低程度
D_{16}	反映泥沙淤积造成的水库生活供水量的减少程度
D_{17}	反映泥沙淤积造成的水库生活供水保证率的降低程度
D_{18}	反映泥沙淤积造成的水库单位生活供水净收入的降低程度
D_{19}	反映泥沙淤积造成的水库工业供水量的减少程度
D_{20}	反映泥沙淤积造成的水库工业供水保证率的降低程度
D_{21}	反映泥沙淤积造成的水库单位工业供水净收入的降低程度

指标	说明
D_{22}	反映泥沙淤积造成的水库其他供水量的减少程度(除灌溉、生活和工业供水外的供水量)
D_{23}	反映泥沙淤积造成的水库其他供水净收益的降低程度(除灌溉、生活和工业供水外的供水量)
D_{24}	反映泥沙淤积造成的库区旅游利用面积的改变程度
D_{25}	反映泥沙淤积造成的库区单位旅游面积净收入的改变程度
D_{26}	反映泥沙淤积造成的年发电量的减少程度
D_{27}	反映泥沙淤积造成的水库发电保证率的降低程度
D_{28}	反映泥沙淤积造成的水库单位发电量净收入的降低程度
D_{29}	反映泥沙淤积改变库区养殖条件,造成可养殖水面面积的减少程度
D_{30}	反映泥沙淤积造成的库区单位养殖面积净收入的降低程度
D_{31}	反映泥沙淤积造成的库区水质等级的降低程度
D_{32}	反映泥沙淤积造成的水库年平均水温的增加程度
D_{33}	反映泥沙淤积造成的库区生物物种的减少程度
D_{34}	反映泥沙淤积造成的库区湿地面积的减少程度
D_{35}	反映泥沙淤积造成的库区植被覆盖度的降低程度
D_{36}	反映泥沙淤积引起库水位抬升,造成库区盐碱化程度的加剧程度
D_{37}	反映泥沙淤积引起库水位抬升,造成库区盐碱化面积的增大程度

可以采用式(3-1)计算确定指标值的定量指标包括 $D_1 \sim D_3$、$D_{10} \sim D_{30}$、D_{32} 和 D_{34}。需要注意的是,涉及经济价格的指标需要先折算到可比价格再进行比较。

对于定量指标 D_4 和 D_{37},为了确保指标值在 $0 \sim 1$,需要采用式(3-2)进行计算,即

$$d_i = \frac{|\Delta F|}{\sum \Delta F} \qquad (3-2)$$

式中　$\sum \Delta F$——指标 i 的累积改变量；

$|\Delta F|$——泥沙淤积造成的改变量。

对于定量指标 D_7，需要采用式(3-3)进行计算。

$$d_i = \frac{|\Delta F|}{\max(\Delta F)} \qquad (3\text{-}3)$$

式中　$\max(\Delta F)$——指标 i 的历史最大改变量；

$|\Delta F|$——泥沙淤积造成的改变量。

定性指标通过专家打分法确定指标值。指标 D_i 的值 d_i 取值如表 3-2 所示。

表 3-2　定性指标值的取值范围

影响等级	描述	d_i 取值范围
Ⅰ	很小	0.00~0.20
Ⅱ	轻度	0.20~0.40
Ⅲ	中度	0.40~0.60
Ⅳ	严重	0.60~0.80
Ⅴ	非常严重	0.80~1.00

可以采用专家打分法确定指标值的定性指标包括 D_5、D_6、D_8、D_9、D_{31}、D_{33}、D_{35} 和 D_{36}。

泥沙淤积对水库影响最终通过水库泥沙淤积影响值 A 反映，采用指标权重对指标值进行加权计算，可得到水库泥沙淤积影响值 A 的值，即水库泥沙淤积影响值。计算公式为

$$A = \sum_{i=1}^{37} r_i \times d_i \qquad (3\text{-}4)$$

式中　r_i——指标层指标 i 对目标层的权重；

d_i——指标层指标 i 的指标值；

A——综合指标值，即水库泥沙淤积影响值。

利用式(3-4)计算水库泥沙淤积影响值 A。A 值越大，表明泥沙淤积对水库影响程度越大，反之越小。影响程度可参考表 3-3 给出的范围进行初步确定。

表 3-3   泥沙淤积对水库影响程度划分

A 值范围	影响程度
0.00~0.20	很小
0.20~0.40	轻度
0.40~0.60	中度
0.60~0.80	严重
0.80~1.00	非常严重

例如,在分析三门峡水库淤积影响评估时,根据黄河水利委员会黄河勘测规划设计有限公司和中国水利水电科学研究院等单位相关专家提供的三门峡水库影响评价指标的调查结果,求得各指标的权重,如表 3-4 所示。

表 3-4   三门峡水库各指标权重

指标	权重	指标	权重	指标	权重	指标	权重
D_1	0.166 07	D_{11}	0.001 35	D_{21}	0.012 22	D_{31}	0.011 17
D_2	0.049 33	D_{12}	0.000 77	D_{22}	0.007 88	D_{32}	0.007 62
D_3	0.050 92	D_{13}	0.023 43	D_{23}	0.003 30	D_{33}	0.006 32
D_4	0.047 77	D_{14}	0.076 70	D_{24}	0.004 73	D_{34}	0.011 18
D_5	0.039 12	D_{15}	0.019 42	D_{25}	0.000 95	D_{35}	0.002 83
D_6	0.052 92	D_{16}	0.017 98	D_{26}	0.037 83	D_{36}	0.005 00
D_7	0.138 37	D_{17}	0.016 78	D_{27}	0.032 65	D_{37}	0.012 82
D_8	0.052 58	D_{18}	0.013 85	D_{28}	0.026 77		
D_9	0.001 97	D_{19}	0.017 33	D_{29}	0.005 28		
D_{10}	0.000 98	D_{20}	0.016 72	D_{30}	0.002 08		

根据三门峡水利枢纽管理局的调查数据,只考虑泥沙淤积对水库防洪库容变化(D_1)、库尾河床高程变化(D_7)和发电总量变化(D_{26})的影响,如表 3-5 所示。各指标权重需要进行调整,调整后的指标权重及指标值如表 3-6 所示。

表 3-5 泥沙淤积对三门峡水库分析指标的影响

项目	设计值	泥沙淤积后的值	变化量
D_1	290 亿 m³	53 亿 m³(350 m)	237 亿 m³
D_7	323.40 m	327.91 m(2010 年桃汛后),历史最高 328.46 m	4.51 m
D_{26}	60 亿 kW·h	12 亿 kW·h	48 亿 kW·h

表 3-6 调整后的指标权重及指标值

指标	权重	指标值	指标	权重	指标值
D_1	0.423 6	0.817 2	D_{26}	0.322 2	0.800 0
D_7	0.254 3	0.891 3			

根据指标权重和指标值的计算结果,可知考虑泥沙淤积对水库防洪库容变化(D_1)、库尾河床高程变化(D_7)和发电总量变化(D_{26})的影响,泥沙淤积对三门峡水库影响值 A 为 0.830 5,影响非常严重。

3.3 水库淤积风险评估

3.3.1 水库淤积风险影响因子识别

由于水库拦蓄水,使出库基准面抬高,水库纵比降减小。同时,水库水位抬高增大水库横断面,使流速减小,挟沙能力降低,水库泥沙大量落淤。另外,水库泥沙淤积,一方面,库水位抬高,进一步造成水库淤积末端上延;另一方面,对于不同淤积形态的水库,水库落淤的泥沙由于扰动,降低了水流的挟沙能力,加剧了水库的泥沙淤积。

3.3.1.1 水库库容

水库库容是指某水库特征水位以下或两特征水位之间的水库容积。根据水库的作用或功能及各种功能的具体指标,在设计之初提出了死库容、兴利库容、防洪库容、调洪库容、重叠库容、总库容等主要特征库容。水库建成以后,普遍存在水库淤积造成的库容损失问题。泥沙淤积将侵占调节库容,降低水库的调节能力,减少工程的效益。此外,泥沙淤积也将侵占部分防洪库容,影响水库对下游的防洪作用和大坝自身的防洪安全。水库库容越大,水库容纳泥沙能力越强。

3.3.1.2 入库水沙

水库来水量越多,水库断面平均流速越大,由水流挟沙力公式可知,水流挟沙能力越强,水库泥沙淤积风险越低。

对泥沙而言,在不施加工程措施与非工程措施的情况下,水库通常都是逐渐淤积的,因此出库沙量通常小于入库沙量。为了能够评价水库自身的淤积风险并尽可能减少人工因素的影响,取多年平均入库床沙质输沙率 $G_{入库}$ 作为评价水库淤积过程的重要变量,即

$$G = G_{入库} \tag{3-5}$$

需要特别指出的是,在水库淤积过程中,通常采用全沙输沙率来取代床沙质输沙率。这一方面是因为床沙质与冲泻质具有统一的挟沙规律,另一方面也因为水库沿程淤积过程多为流速较小,粗细泥沙均能发生沉降的过程。

3.3.1.3 泥沙粒径分布

泥沙粒径分布是决定水流挟沙力的重要因子,泥沙粒径分布的变化引起了水库淤积状态的变化。泥沙粒径越大,一方面,沉速越大[见式(2-4)];另一方面,水流挟沙力越小,泥沙淤积风险越高。

3.3.1.4 水库淤积形态

韩其为根据淤积形态的现象、成因和条件不同,将水库淤积形态划分成三角洲淤积形态(见图3-2)、锥体淤积形态(见图3-3)和带状淤积形态(见图3-4)。张俊华等针对小浪底水库的最新研究表明,三角洲淤积形态相比锥体淤积形态,在相同淤积量的条件下,蓄积相同水体时蓄水位更低,回水距离更短,能够更充分发挥水库的拦沙减淤效益。不同淤积形态的影响主要体现在河床比降 J 上。

三角洲淤积纵剖面一般可分为前坡段和洲面段(见图3-2)。洲面段通常已接近冲淤平衡,前坡段是淤积最强烈的地方。为简化计算,取前坡段的平均坡降计算河床比降,即:

$$J = (H - H_0)(L - L_0) = \Delta H/\Delta L \tag{3-6}$$

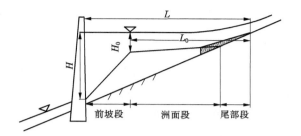

图 3-2 　三角洲淤积形态

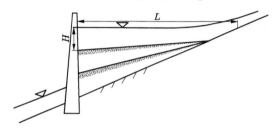

图 3-3 　锥形淤积形态

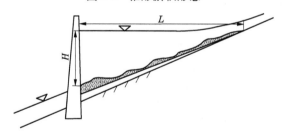

图 3-4 　带状淤积形态

式中　　H——坝前水深；

　　　　L——回水长度；

　　　　H_0——三角洲顶点处的水深；

　　　　L_0——三角洲顶点到回水末端的水平距离。

　　对于锥形淤积和带状淤积，其纵剖面均可简化为三角形（见图 3-3 和图 3-4）。其河床比降为：

$$J = H/L \qquad\qquad (3\text{-}7)$$

3.3.2 水库泥沙淤积风险计算方法

在河床演变学中，冲积河流自动调整的最终结果在于力求使来自上游的水量和沙量通过河段下泄，河流保持一定的相对平衡，此即为冲积河流的平衡倾向性。水库作为河流演进的节点，在长期运行过程中，最终目标是与自然状态的河流一样的，通过自然调整与人工调节，达到设计冲淤平衡状态，长期发挥综合效益。但在实际水库调度运行过程中，由于来水来沙条件的变化、水库设计的缺陷、调度指令的错误等，有的水库将无法达到设计的平衡状态而最终淤废，失去功能；即使水库最终能够达到设计冲淤平衡状态，采取正确的措施也将会有效延缓库容向平衡状态淤积演进的过程，使水库能在更长时间内发挥其综合效益。因此，本书将河道的平衡倾向性原理推广到水库库区，尝试建立考虑多因子的水库淤积风险评估方法，以此为日常水库调度与功能恢复措施的选取提供理论支撑。

基于平衡倾向性原理，对一般挟沙水流，有如下基本关系式成立：

$$QJ \sim GD_{50} \qquad\qquad (3\text{-}8)$$

式中　Q——河道平均流量，m^3/s；

　　　J——河床比降；

　　　G——床沙质输沙率，kg/s；

　　　D_{50}——床沙质中值粒径，mm。

将式(3-8)推广到水库的泥沙淤积过程中。对于一个年调节或多年调节的水库，在多年平均的尺度上水量平衡，因此有：

$$Q = Q_{入库} = Q_{出库} \qquad\qquad (3\text{-}9)$$

式中　$Q_{入库}$——多年平均入库流量；

　　　$Q_{出库}$——多年平均出库流量；

　　　Q——水库内水流演进的平均流量。

将水流挟沙力公式、式(2-4)、式(3-8)等代入式(3-6)，有

$$Q_{入库}H/L \sim G_{入库}D_{50} \qquad （锥形与带状淤积）\qquad (3\text{-}10)$$

$$Q_{入库}\Delta H/\Delta L \sim G_{入库}D_{50} \qquad （三角洲淤积）\qquad (3\text{-}11)$$

在水库中,库容V是重要的设计和调节变量。为了体现库容对上述平衡关系的影响,作者引入新的参量为水库概化河宽$\tilde{B}$,其定义式为

$$\tilde{B} = \frac{V}{\frac{1}{2}HL} \qquad \text{(锥形与带状淤积)} \tag{3-12}$$

$$\tilde{B} = \frac{V}{\frac{1}{2}\Delta H \Delta L} \qquad \text{(三角洲淤积)} \tag{3-13}$$

其物理意义为,假设水库内的河道断面为沿程不变的标准矩形时河槽的宽度。将式(3-12)、式(3-13)分别代入式(3-10)、式(3-11),则有

$$Q_{入库} V \sim G_{入库} D_{50} L^2 \tilde{B} \qquad \text{(锥形与带状淤积)} \tag{3-14}$$

$$Q_{入库} V \sim G_{入库} D_{50} \Delta L^2 \tilde{B} \qquad \text{(三角洲淤积)} \tag{3-15}$$

至此,得到了水库冲淤平衡的初步理论推导结果,定义$Q_{入库}V$为水库自处理风险能力,定义$G_{入库}D_{50}L^2\tilde{B}$或$G_{入库}D_{50}\Delta L^2\tilde{B}$为水库泥沙淤积风险强度。

从定性上分析,式(3-14)和式(3-15)具有物理意义上的合理性。$Q_{入库}$表征水库输送泥沙的能力,V表征水库容纳泥沙的能力,输送与容纳共同组成了水库自身对泥沙淤积风险处理的两种基本途径;$G_{入库}$表征泥沙淤积的整体数量风险,D_{50}表征单个泥沙淤积的质量风险,而L^2或ΔL^2表征的则是水库本身淤积形态对泥沙淤积的影响。回水距离越长,意味着相同水头差条件下水力坡降越小,挟沙水流的流速越缓,运行距离越长,越有利于水库泥沙的沉积,水库泥沙的淤积风险越高。

3.3.3 水库淤积风险评估

根据所定义的水库自处理风险能力和水库泥沙淤积风险强度,统计我国境内不同流域43座水库(见表3-7)多年入库流量、正常蓄水位以下库容、河宽、床沙质中值粒径、入库床沙质输沙率、回水长度等相关数据,计算对应的水库自处理风险能力和水库淤积风险强度指标,以自处理风险能力为横坐标,淤积风险强度为纵坐标,绘制水库淤积风险评

估图(见图 3-5)。

表 3-7　研究水库所处流域信息

序号	水库名称	所属流域	序号	水库名称	所属流域
1	天桥水电站	黄河	22	柘溪水电站	长江
2	三门峡水利枢纽	黄河	23	温峡口水库	长江
3	龙羊峡水电站	黄河	24	三盛公水库	黄河
4	青铜峡水利枢纽	黄河	25	以礼河二级水电站	长江
5	青铜峡水库	黄河	26	红崖山水库	黄河
6	刘家峡	黄河	27	六郎洞水电站	西南诸河
7	小浪底水库	黄河	28	大寨水电站	西南诸河
8	大伙房水库	辽河	29	闹德海水库	黄河
9	恒仁水电站	辽河	30	湖南镇水电站	浙闽诸河
10	官厅水库	海河	31	石泉水电站	长江
11	龚嘴水电站	长江	32	安康水电站	长江
12	白山水库	辽河	33	黄坛口水电站	浙闽诸河
13	丰满水电站	辽河	34	东庄水库	黄河
14	西津水电站	珠江	35	河口村水库	黄河
15	南桠河水电站	长江	36	新安江水库	浙闽诸河
16	丹江口水利枢纽	长江	37	水口水电站	浙闽诸河
17	葛洲坝水利枢纽	长江	38	大化水电站	珠江
18	三峡水利枢纽	长江	39	碧口水库	黄河
19	白莲河水电站	长江	40	刘家峡水电站	黄河
20	胡家渡水电站	长江	41	头屯河水库	西北诸河
21	五强溪水电站	长江	42	八盘峡水电站	黄河

在所选的 43 座水库中，三门峡水库、青铜峡水库、丹江口水库、三盛公水库和闹德海水库为实际达到或者接近冲淤平衡状态的水库，即水库已处于微冲微淤的长期稳定运行阶段；河口村水库和东庄水库为待建水库，选用其设计的水沙过程及平衡状态对应的水库库容、河宽、回水长度等数据。由图 3-5 可知，这 7 座水库基本位于同一条直线附近，将此直线作为冲淤平衡线。该平衡线的拟合公式为

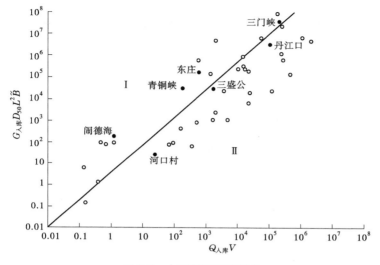

图 3-5　水库淤积风险评估

$$G_{入库}D_{50}L^2\tilde{B} = 100Q_{入库}V \qquad (3\text{-}16)$$

式(3-16)代表的冲淤平衡线将水库淤积风险评估图分成了两个区,其中Ⅰ区为高风险区,落在该区表示水库淤积风险强度强于水库自处理风险能力,水库面临较大的淤积风险,必须采取人工措施干预才能使其回到可长期稳定运行的冲淤平衡状态;Ⅱ区为低风险区,落在该区表示此时水库淤积风险强度弱于水库自处理风险能力,水库尚未面临紧迫的淤积风险。

需要特别指明的是,在水库淤积风险评估图中,某一水库的状态是动态调整的。随着来水来沙条件及水库淤积量与淤积形态的变化,水库在淤积风险评估图中的位置也会发生移动。位于高风险区的水库固然需要采取人工措施干预,位于低风险区的水库同样需要密切追踪关注,特别是关注其在评估图中的移动速率和幅度,以确定采取人工干预措施的对象与时机。

3.3.4　水库淤积风险的区域性特征

水库淤积风险评估图定性反映了中国水库的区域性特征。将43

座水库按照长江流域、黄河流域、珠江流域、海河流域、辽河流域、浙闽诸河流域、西南诸河流域、西北诸河流域划分为 8 类。将各类型标注在水库淤积风险评估图中,如图 3-6 所示。

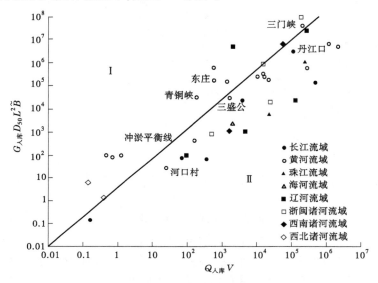

图 3-6　水库淤积风险的区域性分布

由图 3-6 可知,水库淤积风险呈现显著的区域性特征。大部分黄河流域水库、部分辽河流域水库及西北诸河流域水库主要位于 I 区,水库库容恢复需求较为迫切,亟须采取人工干预措施实现水库功能的恢复;而 II 区主要包含长江流域、珠江流域、海河流域、浙闽诸河流域及西南诸河流域水库,其当前自处理风险能力相对较强,近期水库清淤的需求并不迫切。

这一分区结果与定性认识是一致的,也在一定程度上验证了淤积风险评估方法与冲淤平衡线设立的合理性。黄河流域、西北诸河流域、辽河流域地处干旱半干旱区,长期以来水少沙多、水沙不协调的问题突出,大量水库存在严重的泥沙淤积问题,影响了水库兴利功能的发挥,也为水库淤积防治措施的实施提供了广阔的平台。

第 4 章　水库淤积防治关键技术

根据水库淤积成因分析,水库淤积主要与上游来水来沙、水库边界条件、水库调度等因素有关。据此可采用减少上游来沙防治技术,减缓水库淤积;通过水力调节技术使得水库合理调度排沙,调整水库淤积形态等边界条件;针对前两者水库淤积防治效果不理想的情况,采用人工干预技术,优化水库淤积形态,实现水库减淤。

4.1　减少上游来沙的水库淤积防治技术

减少上游来沙是控制泥沙来源、解决泥沙淤积的根本性措施。减少上游来沙的措施分为非工程措施与工程措施。非工程措施是指以植树种草为主要手段的水土保持工作,工程措施则可进一步细分为拦泥坝建设与各类减少上游地表径流的拦蓄工程等。

对中小水库而言,流域面积通常不大,通常推荐采用源头治理的措施减少上游来沙,且能与治山造田等农业措施结合起来实施。大型水库流域面积通常很大,短期内全面实施上游减沙措施困难较大,通常制订多年工作计划,分年度、分步骤地推进。

非工程措施的应用范围广泛。其主要通过植树种草的方式,增加水土流失区域的植被覆盖率,对水土流失区域地表进行保护。植被减沙的具体途径包括:避免地表土壤直接受到降水打击;增加下渗和吸收降水,有效拦蓄径流;植物的根系能提高土壤的抗冲刷力、改良土壤等。尽管如此,非工程措施的应用受到区域水资源量的限制,特别是在干旱半干旱区,植被的生长和维持需要较高的成本。

工程措施主要在有限范围内对地表径流或泥沙进行拦蓄。其中,拦沙工程主要指拦泥坝等工程,其可拦截泥沙,配合拦泥坝库区的清淤工程,可有效减少下游水库淤积。拦水工程依照兴修目的、应用条件可以分为四种,即山坡防护工程、山沟治理工程、山洪排导工程及小型蓄水用水工程。其中,应用最广泛的拦水工程是防止坡地土壤侵蚀的山坡防护工程。目前,我国最为常用的山坡防护工程有坡式梯田、水平梯田、隔坡梯田及水平阶等。工程措施适合单独应用于集水面积较小的流域水库减沙,也可与其他措施相结合应用于大中型水库。

工程措施与非工程措施单独或结合运用,在水库泥沙淤积防治的实践中取得了良好效果。清涧河流域的寒沙石水库总库容 1 250 万 m^3,1977 年在水库上游修建一批拦泥坝后,库区年均淤积量由 76 万 m^3 降为 11.4 万 m^3,减少了 85%,使水库运行年限由 16 年增至 76 年左右。园河流域的张湾水库库容 122 万 m^3,通过在回水区域布置生物坝,5 年内拦蓄泥沙 11.7 万 t,直接拦沙效益达 15 万元,大大减少了张湾水库的淤积。汾河水库上游 1988~2004 年实施大规模水土保持工程,累计减少入库沙量 1.03 亿 t,约占同期入库沙量 1.93 亿 t 的53.4%。官厅水库上游流域修建了大量水库,其中大型 2 座、中型 16 座和小型 257 座,总库容约 14 亿 m^3,为官厅水库拦截了 5.89 亿 m^3 的泥沙,约占官厅水库总库容的 14.2%,同期在水库上游产沙区域采取保水固土措施,到 2000 年水土保持拦沙总量达 3.51 亿 t,约占官厅水库总库容的 8.5%,极大地缓解了官厅水库的泥沙淤积。

黄河流域的综合治理是国内治沙实践的成功代表。截至 2005 年底,黄土高原地区累计初步治理水土流失面积 2 150.62 万 km^2,其中建设基本农田 527.29 万 km^2,营造水土保持林 946.13 万 km^2、经果林 196.36万 km^2,人工种草 349.38 万 km^2,封禁治理 131.46 万 km^2。建成淤地坝 12.21 万座,其中骨干坝 2 708 座;修建塘坝、涝池、水窖等小型蓄水保土工程 430 多万处(座)。

目前,黄土高原地区按照“以小流域为单元,骨干坝控制,中小型淤地坝合理配置、联合运用”的沟道坝系建设的科学技术路线,建成了一批防洪标准高、综合效益好的典型坝系,已拦泥 210 多亿 t,淤成坝地 30 多万 hm^2,发展灌溉面积 5 300 多 hm^2,保护下游沟、川、台地 1.33 万 hm^2,对于减少进入小浪底水库泥沙,延长小浪底水库的使用寿命,起到了非常重要的作用。

4.2 水力调节水库淤积防治技术

4.2.1 降水溯源冲刷

水库溯源冲刷是指库水位下降时所产生的向上游发展的冲刷,是清除水库淤积的有效方法之一。其冲刷强度随库水位降落到淤积面以下越低而越大,相应地向上发展得速度越快,冲刷末端发展得也越远,其发展形式与库水位的降落情况及前期淤积物的密实抗冲性有关。当冲刷过程中库水位比较稳定或放空水库时,冲刷的发展以冲刷基点为轴,以辐射扇状形式向上游发展;当冲刷过程中库水位不断下降,冲刷是层状地从淤积面向深层,同时也向上游发展。当前期淤积有压密的抗冲性能较强的黏土层,则在冲刷发展过程中,库区床面常形成局部跌水。降水溯源冲刷的优点是操作简单、排沙量大,不足之处在于所需水资源量大,输沙效率低。其适用于水资源丰沛的地区或非骨干型水库的清淤。

4.2.2 滞洪(泄洪)排沙

滞洪(泄洪)排沙是水库蓄清排浑运用的一种排沙方式。蓄清排浑运用的水库,洪水到来时,必须空库迎洪,或者降低水位运用。当入库洪水流量大于泄水流量时,便会产生滞洪壅水;有时为了减轻下游的洪水负担,也要求滞留一部分洪水。滞洪期内,整个库区保持一定的行近流速,粗颗粒泥沙淤积在库中,细颗粒泥沙可被水流带至坝前排出库外,避免蓄水运用可能产生的严重淤积,这就是滞洪排沙。滞洪过程中,洪峰沙峰的改变程度及库区淤积和排沙情况不同,水库滞洪排沙过程可能差别很大,但总的来说,相对蓄水水库而言,排沙效果是显著的。如黑松林水库采用滞洪排沙的排沙措施,据 1963~1978 年的 19 次滞洪排沙实测资料统计,平均效率 70.3%,最高达 258.5%(1977 年 8 月 24 日),排沙效果显著。

滞洪排沙的效率受排沙时机、滞洪历时、开闸时间、泄量大小及洪水漫滩等因素的影响。要提高滞洪排沙的效率,应对库水位加以控制,尽量使洪水不漫滩或少漫滩。滞洪排沙弃水量大,为了充分利用水力资源,必须很好地同灌溉用水紧密结合,积极开展引洪淤灌,将排泄的洪水充分地加以利用。

4.2.3　异重流排沙

当高含沙水流具备产生异重流的条件时,则入库后将以异重流形式潜入库底向坝前运动。这时,若及时打开相应闸门下泄异重流,便可将这部分泥沙排走,从而减少水库淤积。

异重流排沙效果与洪水来流量、来沙量、来沙级配、下泄流量、开闸时间、库区地形和底孔高程等因素有关。洪水流量大、含沙量高、来沙细且历时长,则有足够的能量支撑异重流持续运动到达坝前,排沙效果较好。经一定时间的洪峰降落后,含沙量逐渐下降,排沙效率也随之降低。因此,为提高异重流的排沙效率,当异重流到达坝前时,应及时开闸,并加大泄量,洪峰降落后则应逐渐减小泄量。

异重流排沙的优点是弃水量小,不影响水库蓄水,缺点是浑水潜入清水后将有部分浑水向清水中扩散,尤其是潜入点附近的泥沙在主槽两侧滩地上大量淤积,排沙效果较降水冲刷为低。其适用于来沙量大、来水量小且受其他条件限制不能泄空排沙的水库。

异重流排沙是我国多沙河流水库,特别是汛期不能泄空的水库行之有效的排沙方式。小浪底水库自运用以来,主要利用水库自然洪水异重流和人工塑造异重流排沙而实现减少水库淤积。三门峡水库1960年至1964年开展的异重流排沙比达25.7%~35%。1962年至1972年,黑松林水库异重流排沙比达61.2%~91%。

4.2.4　空库排沙

将水库放空,在泄空过程中回水末端将逐渐向坝前移动,因而原来淤积的泥沙也将因回水的下移而发生冲刷,特别是在水库泄空的最后阶段突然加大泄量,则冲刷效果将更加显著,这种排沙方式称为泄空排沙。

水库泄空排沙通过两种方式进行,一种是在水库泄空过程中,利用人工或机械将主槽两侧的泥沙推进上游的沿程冲刷;另一种是当水库水位下降到低于三角洲顶坡时产生的溯源冲刷。沿程冲刷的特点是,冲刷时间长,冲刷强度弱,主要发生在回水末端附近,对于清除水库尾部的淤积有比较显著的作用。溯源冲刷的特点则是冲刷过程发展快,强度大,如是锥体淤积,则首先发生在坝前,如是三角洲淤积,则首先发生在三角洲顶点附近,然后向上游发展。

泄空排沙的缺点是:一是需要大量的水,二是水库的泥沙很快再次淤积。其适用于水资源丰沛地区或非骨干型水库的清淤。如山西省恒山水库在 1974~1979 年采用"常年蓄洪运用,集中空库冲淤"的运用方式,其中 1974 年 7 月 28 日至 9 月 18 日空库运行期间,共排沙 91.3 万 m^3,库区冲出一条主槽,全年恢复库容 71.6 万 m^3。泄空排沙运用取得的效果突出。

4.3　人工干预水库淤积防治技术

4.3.1　水库机械清淤技术

运用机械清淤的措施进行排沙,即采用挖泥船、吸泥泵等挖泥机械,对水库淤积的泥沙进行清除。按照工作原理一般分为吸扬式、泥斗式、冲吸式、耙吸式。

4.3.1.1　吸扬式清淤

吸扬式清淤是靠挖泥船上的机械力破土,利用泥浆泵进行泥沙的输移清淤,主要有绞吸式挖泥船、气力泵式挖泥船两种,是近年来库区或者港口的清淤作业中最常见、使用最广泛的水力式挖泥船。绞吸式挖泥船利用吸水管前端围绕吸水管装设的旋转绞刀装置,将底泥进行切割和搅动,再经吸泥管将绞起的泥沙物料,借助强大的泵力,输送到泥沙物料堆积场。绞吸式挖泥船是一种产量大、效率高、成本较低的水下挖掘机械,具有操作简单、易于控制、适用范围广等特点,不仅适合短排距(一般 1.5 km 以内)泥浆输送,对于超过额定排距的疏浚工程,还可加设接力泵站,把泥沙或碎岩物料依靠强大动力通过泥泵和排泥管线进行长距离泥浆输送至百公里之外。大型绞吸式挖泥船每小时产量可达几千立方米,而且能够将挖掘、输送、排出和处理泥浆等疏浚工序一次性完成。气力泵式挖泥船利用刮铲松动水下泥沙,以压缩空气为动力驱动活塞缸,抽吸水下泥浆,经过输泥管将泥浆输送至预定地点,特点是输泥浓度较高、输送距离长、工作效率高、水下扰动较小。但是耗能大,空压机长期运行维护管理复杂。

丹江口水库是一座大型蓄水型水库,绝大部分来沙被拦蓄在库内,淤积的泥沙对水库正常运行构成了潜在的威胁,消除这种潜在威胁的主要方法是排沙清淤。曾成功利用绞吸式或深水吸扬式挖泥船探索排沙清淤的方法,在水库变动回水区进行循环往复地挖沙清淤,防止泥沙向深水区扩散,能以较小的成本集中治理水库泥沙和"翘尾巴"问题。

湖南韶关水库为解决闸门开启问题,利用 SQ100-22 型 18.5 kW 排沙潜水泵,将泵吊挂,选择闸门附近的空隙,放入水中排水抽沙,使闸门前的泥沙问题轻松解决(见图 4-1)。

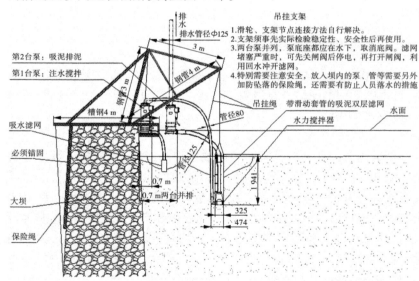

图 4-1　湖南韶关水库泄水闸门前泥沙清除作业

4.3.1.2 泥斗式清淤

泥斗式清淤依靠挖泥船上的机械力破土并输移。这一类挖泥船只能把泥土卸入挖泥船的泥舱或附近的泥驳，不能远距离输移泥土，效率较低。抓斗式挖泥船利用旋转式挖泥机的吊杆及钢索来悬挂泥斗，先在抓斗本身重量的作用下，放入河底抓取泥土；然后，开动斗索绞车，吊斗索即通过吊杆顶端的滑轮，将抓斗关闭、升起，再转动挖泥机到预定点将泥卸掉，挖泥机又转回挖掘地点，进行挖泥，如此循环作业。靠收缩锚缆使船前移挖泥，一般为非自航式，亦有自航式的，可自控自卸，宜于抓取黏土、淤泥、卵石等，在有障碍物、垃圾的地方最为有效；但在坚硬的泥土中产量很低。它能在不损害建筑物结构的情况下靠近水域边缘挖泥，因此广泛应用于船坞、码头前沿及水下基础工程的开挖、回填等方量不大的施工作业。

红星水库位于富平县境内石川河支流赵氏河下游，是一座以灌溉为主，兼有防洪、养殖等综合效益的Ⅳ等小（1）型水库。水库总库容799 万 m^3，目前有效库容695 万 m^3，兴利库容370 万 m^3。库区当前淤积相对严重，考虑采取常年挖沙的办法控制坝前淤积。每年选在冬灌、春灌、夏灌后期及枯水期的低水位时对淤泥实施清除。考虑到水库挖深及泥沙颗粒含有大量杂质等特点，采用 4 m^3 抓斗式挖泥船清淤，使用干式输送泥沙到库岸附近沟岔，可淤地造田。

4.3.1.3 冲吸式清淤

冲吸式清淤主要采用冲吸式挖泥船以高压水射流进行破土，利用离心式水泵将船外清水吸入，加压后沿工作水管输送到水下喷头及射流式泥浆泵，前者将泥沙冲起，在射流泵吸入口附近形成高浓度泥浆，利用射流泵、潜水泵、气举装置将其吸入，并通过排泥管将它压送到船上的离心式泥浆泵，泥浆经过增压后，沿输泥浮管压送到排泥地点，疏浚深度较大，生产效率高，适用于较为松散的土层。

1985 年，山东省水利厅责成德州地区水利局将冲吸式挖泥船在潘庄引黄灌区沉沙池清淤中应用，1985～1992 年底，德州地区组织了 6 条挖泥船在潘庄引黄灌区一级沉沙池进行清淤施工，共清淤土方399 万 m^3，占总清淤量的38.7%。实践证明，使用挖泥船清淤具有如下优点：

（1）施工简单，运用灵活，运行成本低，受环境影响小，挖排能一气呵成。

（2）可以实现远距离输沙。1992 年前运用的第 5 条沉沙池距已报废的第一条沉沙池 1 000 m 左右，最远达 1 400 m，排高 2.5~3 m，而且沿线有 5 座砖窑等障碍物，用人工回填是相当困难的。用挖泥船清淤回填，排泥管可以绕过障碍物，将泥沙远距离输运到指定位置，每条管线仅占地 0.47 hm^2 左右，与人工清淤相比，减少了大面积土地迁占工作的难度和占地压青赔偿，从而降低了工程费用。

（3）大大减少了人工清淤量，提高了生产效率，减轻了农民的负担，经济效益和社会效益都十分显著。

（4）在沉沙池的还耕工程中，使用机械化清淤回填，回填土方表面平整，淤积密实。

4.3.1.4 耙吸式清淤

耙吸式挖泥船是一种边走边挖，且挖泥、装泥和卸泥等全部工作都由自身来完成的挖泥船。挖泥时，耙吸式挖泥船把耙放置在要疏浚的港池、航道上，耙上装有吸管，船上强有力的吸泥泵把耙起的泥连同水一起吸入它的泥舱中。在泥舱中，泥往下沉淀，水溢出泥舱，这样连续不断地耙吸，直到泥舱中装满泥，然后开到卸泥区卸泥。耙吸式挖泥船单船作业、机动灵活，对周围航行的船舶影响小，效率高，抗风浪能力强，可以在水下挖硬土和软土，非常适合在沿海港口、航道、宽阔的江面和船舶锚地作业，其在作业深度及性能方面也优于绞吸式挖泥船，目前国内作业深度最深在 50 m 左右，但是价格昂贵。以 3 000 m^3 耙吸式挖泥船为例，在 25 m 深航道中每天可以装卸 7 次淤泥，作业性能优异。2007 年 10 月，由中交上海航道局有限公司投资建造的国内最大的大型自航耙吸式挖泥船"新海凤"正式开工。总投资 6.5 亿元，舱容 16 888 m^3，为双耙、双桨、双机复合驱动的自航耙吸式挖泥船。船体总长 160.9 m，型宽 27 m，型深 11.8 m，在挖泥吃水约 10 m 的情况下，总载重量约 2.5 万 t，可挖淤泥、黏土、细粉沙、中细沙、粗沙、碎石和卵石，最大挖深可达 45 m，主要用于沿海疏浚和吹填作业，沿海航区施工。

机械清淤是清除库区淤积泥沙的一种直接、有效的方法。水库机械清淤方式在国内外不少水库都有应用(见表 4-1),大多是在库区淤积泥沙影响水库正常运行或死库容已被淤满时采取的清淤治理措施。如国外的日本八久和水库采用抓斗式挖泥船清除水库上游河滩上堆积的泥沙 74 万 m^3,天龙川水库群的佐久间水库利用 2 艘挖泥船每年搬运三角洲泥沙 180 万~280 万 m^3;埃及阿斯旺高坝水库采用水力挖泥船将泥沙排到沉沙池内,以供将来使用。国内的广东长江水库和石岩水库等利用挖泥船清淤,挖泥量分别为 500 万 m^3 和 163 万 m^3;上海陈行水库 1994~1996 年利用挖泥船在库中挖泥约 267 万 m^3;云南水槽子水库采用 3 艘挖泥船联合作业,1987~1992 年挖泥 160 万 m^3,实现清淤扩容;北京官厅水库的清淤应急供水工程在妫水河口实施拦门沙清淤,清淤总量约 128 万 m^3;台湾石门水库先后采用深水挖泥船和射流冲吸式挖泥船,每年清淤 55 万 m^3。

表 4-1　我国水库机械清淤工程统计

年份(年)	水库疏浚	工程量 (万 m^3)	疏浚设备
1976	台湾石门水库	55	Amaluza-I 型射流冲吸式挖泥船
1987~1992	云南水槽子水库	163	TYP250 挖泥船、电动挖泥船
1994~1995	三峡隔流堤水下清淤	630	空气吸泥船
1994~1996	上海陈行水库	267	海狸 650 型斗轮挖泥船
1995	山东岸堤水库	5	ZQL-II 型冲吸式水力清淤机
1996~2001	云南谷昌坝疏浚工程	58	绞吸式挖泥船
2001~2002	北京官厅水库	128	海狸环保 1200 型绞吸船
2006~2008	广东石岩水库	163	环保绞吸船
2006~2010	广东长江水库	500	吸泵式挖泥船
2007	三峡船闸引航道清淤	40	斗轮式、吸盘式挖泥船
2007~2008	福建湖边水库	137	挖掘机
2008	广东天堂山水库	3	抽沙船
2009	广东莲花山水库	30	推土机
2009~2012	乌鲁木齐乌拉泊水库	461	海狸 1200 型挖泥船

总结上述工程,由于原清淤机械相对落后,生产能力较低,已开展的机械挖沙减淤方式大多在较小水库中应用,挖沙规模都不大,除埃及阿斯旺高坝水库设计挖沙量达千万立方米外,其他都在 500 万 m³ 以下。

近年来,随着国内外港口、航道、水库等清淤需求的迅速增长,大型耙吸式和绞吸式挖泥船作为世界上最先进水平的代表,在疏浚部件方面也引领着制造技术的革命与创新,水下泵的研制大大提高了挖掘深度和挖泥浓度,双壳泵的发明缓解了泥泵的磨损问题,各种绞刀的开发能够应对不同类型泥土的挖掘,极大地拓宽了机械设备的应用范围,延长了疏浚机具的使用寿命。疏浚的施工控制技术也有了质的突破,GPS 定位系统的使用大大提高了开挖精度和效率,自动监控系统的开发保证了挖泥船操作的稳定性、安全性和高效性,现代电子通信技术实现了操作命令和测量结果等信息的双向实时传输,为船舶的安全生产管理提供了保障。总之,现代挖泥船在生产能力和施工技术上完全可满足大型水库疏浚工程大规模土方量和复杂运行环境的要求。

机械清淤设备因结构、原理不同,在各类清淤岩土及各种工况的适应性上也存在较大的差异,对于具体疏浚作业,应当对土壤性质、运送距离、泥沙处理方法及其他因素进行综合考虑后,才能挑选出比较合适的船型。通过分析各种资料及长期的使用实践,现将国内外常用的几种主要类型的挖泥船的施工特点和适用范围(见表 4-2)、对疏浚岩土的可挖性(见表 4-3)以及各方面性能(见表 4-4)等加以比较。

表 4-2　不同挖泥船主要工作性能比较

挖泥类型	生产效率	适应土质的广泛性	经济性	挖深范围	远距离抛卸泥	挖泥平整度	工作时不影响水域通航	耐波动性	防止二次污染良好程度
绞吸	好	较好	好	一般	一般	好	差	一般	好
斗轮	好	好	好	较好	较好	好	差	一般	好
耙吸	好	一般	较好	好	好	差	好	好	差
链斗	差	一般	较差	较好	一般	好	一般	一般	差
抓斗	差	好	较差	较好	差	一般	一般	一般	一般
铲斗	差	一般	差	差	差	一般	一般	差	一般

表4-3 主要类型挖泥船的施工特点和适用范围

类型	施工特点	适用范围	适用土质
耙吸式挖泥船	利用泥耙挖取水底土壤,通过泥泵将泥浆装进本船船舱内,至卸泥区卸泥或直接排出船外;单船作业,一般不需要固定的配套设备或附属船只	沿海港口航道及大江的入海口段,不适合浅水作业	适用于淤泥、松软黏土、沙壤土、沙土等
绞吸式挖泥船	利用铰刀旋转切削土壤,先通过吸泥泵吸入排泥管,再通过泵输送到陆地排出泥场,挖泥和卸泥由挖泥船自身完成	内河、湖泊航道的疏浚,水库、港口、码头的疏浚扩宽及吹填造地等	适用于松散沙、沙壤土、淤泥等松散软塑黏土,遇硬硬塑黏土时,易堵塞,工效降低
冲吸式挖泥船	以高压水射流进行破土,利用离心式泥浆泵沿输泥浮管压送到排泥地点	适用于水库清淤和沙土回填	适用于较为松散的土层,对固结性的砂夹层效率较低
斗轮式挖泥船	在绞吸式挖泥船的基础上对切割刀具进行改型而成,利用无底斗轮轴横转动将土壤切割;其他与绞吸式挖泥船相同	基本与绞吸式挖泥船相同,同时适用于冲积矿床平采	适用于硬质高塑性黏土的开挖,在流塑性淤泥、松散的细粉砂条件下,效率较低
链斗式挖泥船	利用链式排列的铲斗连续挖掘作业,将土壤通过卸泥槽送到辅助泥驳,再输送到指定地点	港口、码头泊位,航道滩地及水工建筑物基槽等规格要求较严的工程,最适合于采集水下天然砂石和矿物	适用于松散的沙壤土、砂质黏土、卵石夹砾和淤泥等;开挖稀泥和粉砂时,泥斗挖粘性较大的土壤时,泥斗倒泥困难,生产率降低

续表 4-3

类型	施工特点	适用范围	适用土质
抓斗式挖泥船	利用吊在旋转式抓斗杆上的抓斗的下放、闭合，提升和张开采抓取和抛卸挖掘被土壤	堤岸养护，河道清障及港口疏浚、深水作业性好	适用于各类土质，且能抓取尺寸较大的石块
铲斗式挖泥船	将反铲挖掘机安装在一个大浮箱上，用反铲直接挖掘土壤	作业半径有限，挖掘深度浅，主要在其他船型都很难胜任的场合使用	能有效挖掘各类硬土、砂石和树根

表 4-4 主要挖泥船类型对疏浚岩土的可挖性

岩土类别	级别	状态	耙吸式挖泥船		绞吸(斗轮)式挖泥船		链斗式挖泥船		抓斗式挖泥船		铲斗式挖泥船	
			大 ≥3 000 m³	小 <3 000 m³	大 ≥2 940 kW	小 <2 940 kW	大 ≥500 m³	小 <500 m³	大 ≥4 m³	小 <4 m³	大 ≥4 m³	小 <4 m³
有机质土及泥炭	0	极软	容易	容易	容易	容易	容易	容易	容易	容易	不适合	不适合
淤泥土类	1	流态	较易	较易	容易	较易	较易	较易	不适合	不适合	不适合	不适合
	2	很软	容易	容易	容易	容易	容易	容易	容易	容易	较易	较易

岩土类别	级别	状态	耙吸式挖泥船 大 ≥3 000 m³	耙吸式挖泥船 小 <3 000 m³	绞吸（斗轮）式挖泥船 大 ≥2 940 kW	绞吸（斗轮）式挖泥船 小 <2 940 kW	链斗式挖泥船 大 ≥500 m³	链斗式挖泥船 小 <500 m³	抓斗式挖泥船 大 ≥4 m³	抓斗式挖泥船 小 <4 m³	铲斗式挖泥船 大 ≥4 m³	铲斗式挖泥船 小 <4 m³
黏性土类	3	软	容易	容易	容易	容易	容易	容易	容易	容易	容易	容易
	4	中等	较易	较易	较易	较易	较易	较易	较易	较易	容易	容易
	5	硬	困难	困难	较难	较难	较易	较难	较易	尚可	较易	尚可
	6	坚硬	很难	很难	困难	困难	困难	困难	困难	很难	较难	较难
砂土类	7	极松	容易	容易	容易	容易	容易	容易	容易	容易	容易	容易
	8	松散	容易~较易	较易	容易	容易	容易	容易	容易	容易	容易	容易
	9	中密	尚可~较易	较难	较易	较难	较难	尚可	较易	较难	容易	较易
	10	密实	较难~困难	困难	困难	困难	较难	困难	困难	很难	尚可	尚可
碎石土类	11	松散	困难	困难	很难	很难	较易	尚可	较易	尚可	容易	较易
	12	中密	很难	不适合	很难	不适合	困难	困难	尚可	困难	较易	尚可
	13	密实	不适合	不适合	不适合	不适合	很难	不适合	很难	不适合	较难	困难
岩石类	14	弱	不适合	不适合	尚可	不适合	困难~很难	很难	很难	不适合	尚可~困难	很难
	15	稍强	不适合	不适合	困难	不适合	不适合	不适合	不适合	不适合	不适合	不适合

综合分析表 4-2~表 4-4 可知:

(1)斗轮式挖泥船由于具有适用范围广、挖深范围大、对黏土的适应性好、效率高等优点,成为目前各公司主要发展的船种。

(2)在地形复杂、砾石较多、土质变化大的地区,也大都采用斗轮式挖泥船。通常情况下,斗轮式挖泥船和绞吸式挖泥船通过更换切割刀具而实现互换,但斗轮式挖泥船在切削性能、排距、挖深等方面较绞吸式挖泥船优越些,目前有取代绞吸式挖泥船的趋势。

(3)各种类型的挖泥船都有自己的特点,没有一种船型能全面优越于其他船型。

4.3.2 其他清淤技术

4.3.2.1 射流清淤

射流清淤是在清淤船上配置一系列可以灵活升降、接近河床、与河床面保持合理夹角的射流喷嘴,由水泵抽吸河水并通过输水管路系统均匀分配到各个射流管嘴形成高速水流,将河底泥沙冲起,然后由河道水流将冲起的泥沙送往下游。射流在清淤中的应用主要表现在两个方面,一方面是利用射流的冲刷能力冲击河床,制造高含沙浑水,然后由水泵抽吸、输送,排往他处。武汉水利电力大学的陆宏圻教授于 20 世纪 70 年代初与生产单位协作,主持设计研制的 JET 型系列射流冲吸式挖泥船具有结构简单、操作方便等优点。另一种是利用射流冲击、驱赶泥沙,该清淤方式要求河道水流具备足够的流速和挟沙能力,1996~2002 年潼关河段清淤即是采用该种形式的射流清淤船。

1996 年开始清淤试验时,主要清淤设备只有 2 条自制的简易射流船,到 1999 年共设计制造了 4 条不同型号的专业射流船,2002 年以后达到 9 条专业射流船。1996 年至 1999 年,每年只在汛期清淤,从 2000 年开始,增加桃汛清淤,适宜清淤作业的大河水沙条件为流量 250~3 500 m³/s,含沙量小于 150 kg/m³。清淤河段基本选在主要影响潼关高程升降的潼关至坫埝 21 km 的河段内,实际操作过程中,根据河势变化随时调整重点作业河段。清淤船操作指标:喷嘴提升高度为 0.3~0.7 m,喷嘴与床面夹角为 60°~90°;作业航速:0# 船为 0.2~1.5 km/h,其余的 8 条船为 0.5~3.0 km/h;清淤作业以逆流顺冲和顺流顺冲为主,前后船距一般保持在 200~300 m。

4.3.2.2　自吸式管道排沙

自吸式管道排沙系统的原理为:利用水库自然水头,在库区设置一种带吸泥头的水下管道排沙系统,将库区淤积泥沙排出库外。库区自吸式管道排沙系统示意见图 4-2,主要包括吸泥头、水面工作船、排沙管道(主管道和支管道)、过坝隧洞、出口闸门等。

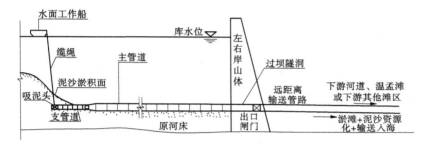

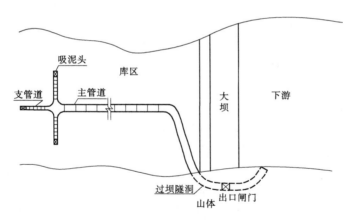

图 4-2　库区自吸式管道排沙系统示意

根据自吸式管道排沙系统的工作原理,其工作要点为:一是选用合理的吸泥头型式。库底淤积的泥沙在吸泥头吸力作用下,随水流进入管道,为提高泥沙起动并随水流进入管道的效果,需要根据水库淤积物情况采用型式合理的吸泥头,以辅助吸泥。二是管道设计合理。管路系统输移泥沙的能力受到管道进出口压力差、管径、管道阻力损失等因素制约。因此,必须进行合理的管路系统设计。

小华山水库在1981~1986年进行水力吸泥清淤试验,水力吸泥装置大致可分为四部分,即吸头、输泥管道、操作船和附属部分。小华山水库水力吸泥装置布置见图4-3。水力吸泥清出库外的泥沙47.83万t,占出库总沙量的77.1%。6年水力吸泥清淤装置排出的总沙量为进库总沙量的129.88%,清淤效果显著。

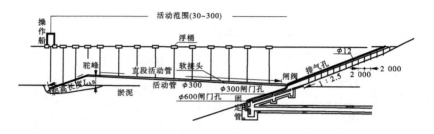

图4-3 小华山水库水力吸泥装置布置 (单位:m)

自吸式管道排沙不需专门的动力措施,管道排沙系统结构简单、不影响水库调度、水资源的利用效率高、成本较低;但对现有水库施工改造和排沙管道维护检修的工程难度较大,多需水下作业。

4.3.2.3 自排沙廊道

自排沙廊道包括数条设在水流底部,且通往建筑物外的廊道、控制闸门、增旋排沙孔、自排沙机构、增沙帽等。经系统优化,达到"大流量连续处理含沙水、三维双螺旋流间歇排沙"的功能。其工作过程为:渠(河)道、沉沙池或水库内悬浮的泥沙下沉至廊道上部,在各个排沙帽之间自然形成的倒锥形集沙漏斗内集聚成小型浑水水库,需要排沙时,开启廊道的控制闸门,廊道中的水流开始流动,在导流板的作用下,水流下部的高含沙浑水挟带倒锥形集沙漏斗中的淤积泥沙,呈螺旋状由增旋排沙孔进入廊道后,由廊道排沙口排出建筑物外。根据水量和泥沙的变化,可全部或部分开启各廊道的控制闸门进行"间歇"排沙。

使用时,将设施置于渠道、沉沙池、水库等的底部,自排沙廊道平面布置见图4-4。

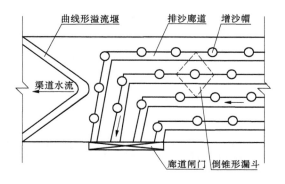

図 4-4 自排沙廊道平面布置

自排沙廊道清淤具有实现小落差排沙、排沙效率高、适应流量泥沙变化范围大、间歇排沙、连续供水等特点,同自吸式管道排沙一样,对排沙管道维护检修的工程难度较大。

湖南资水干流中游筱溪水电站采用深水区潜孔、局部拉沙排沙廊道设计,设 3 m 高拦沙坎,坎顶高程 176.0 m(发电最大流速 0.35 m/s),当排沙系统每年汛期开闸排沙时,只要排沙廊道和各排沙口具有可靠的起动和挟动淤沙的能力,各排沙口周边势必形成 12° 休止角的锥形漏斗,在 176 m 高程的漏斗半径为 15.6 m。筱溪排沙口间距为 27 m(见图 4-5),拦沙坎前缘残留淤沙最高点高程为 175.55 m,淤沙始终不会越过拦沙坎而进入电站流道。本水电站投资小,效果直接,可达到防止电站长久运行后淤沙高出拦沙坎而进入机组流道的目的。

4.3.2.4　水力虹吸式清淤

水力虹吸式清淤是利用水库上下游水位差的虹吸作用,吸送水库泥沙至坝下游。水力吸送装置由吸送管路、操作船(包括移位系缆装置等)、机械或水力松土造浆装置、排砂建筑物(包括与管路连接装置)等组成。整个装置组成与机械清淤设备相似,最大区别是:动力装置简化,吸送管常悬浮在水中。

虹吸式清淤一般设计成放水涵管的形式。具体工作时,先排除管内空气,使管内形成真空,此时涵管起虹吸作用,使水库的水沙从涵管进口上升到涵管的顶部,从而源源不断地向下游涵管出口流出。虹吸

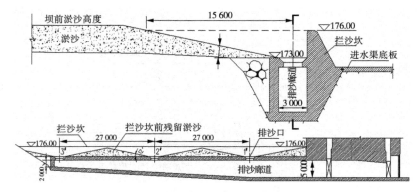

图 4-5　排沙原理示意　（单位:m）

式清淤的优点在于:耗水量少,不必泄空水库或过多降低水库水位,不受季节限制,可常年排沙。但虹吸式清淤对上下游水位差的依赖程度大,水位差决定输出的流量,因此更适用于水头落差大的山区水库或平原高坝水库。

　　早在 100 多年前,亚丁提出水库虹吸清淤的设想,但由于种种原因,未能实现。直到 1970 年,阿尔及利亚在旁杰伏尔水库首先进行了虹吸清淤试验。这种方法是以水库上下游水位落差为动力,通过由操作船、吸头、管道、连接建筑物组成的虹吸式清淤装置进行清淤。排出浑水的含沙量一般为 100~150 kg/m³,最大可达 700 kg/m³ 以上。其主要优点:不需泄空水库,不必专为清淤消耗水量,清淤不受来水季节限制,可以结合各季节灌溉常年排沙;缺点:清淤范围局限在坝前一定范围。1975 年,山西省水利科学研究所在榆次市田家湾水库进行试验,接着在红旗水库、游河水库、浠河水库、小华山水库、北岔集水库、新添水库与河群水库进行试验研究工作,都取得了较好的清淤效果。罗马尼亚曾用不需外加动力,利用虹吸原理清除坝前淤积的装置。法国也用虹吸排沙,虹吸管径为 400~500 mm,流量为 1 m³/s,水头 20 m,可以吸出 15 kg 重的石块。

4.3.2.5　绕库排沙

　　绕库排沙原理见图 4-6。绕库排沙工程修建前,上游来沙直接进入库区,然后发生淤积;绕库排沙工程修建后,汛期上游来沙到达库尾的拦沙闸后不再进入库区,而是通过排沙闸门进入排沙渠,再通过排沙渠排到水库下游河道。通过排沙渠出口闸门调节排沙渠出口水位,遇大水大沙时可适当降低排沙渠出口水位,调节上游河道及排沙渠内部的淤积。若排沙渠出现淤积,可适当配合机械清淤方法,清除排沙渠内部的淤积物。

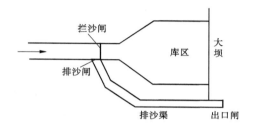

图 4-6　绕库排沙原理

　　绕库排沙方法主要适用于以防洪与蓄水灌溉为主要效益的水库,且库外有比较合适的施工地形,要求水库有足够的弃水。另外,排沙渠进口的选址很重要,应当因地制宜;进水口位置的地形不能太高,以防泥沙无法进入排沙渠。绕库排沙是减少水库泥沙淤积的一种方式,但对水库其他方面的经济效益考虑较少,水库以发电效益为主,因为绕库排沙方法不仅减少了入库沙量,同时也减少了入库水量,对水库发电效益有一定的影响。

4.3.2.6　漏斗排沙

　　根据泥沙的自然特性,在库尾的天然河道中设计坡角 $\alpha = \theta$(休止角)的漏斗,那么,推移过来的泥沙将沉入漏斗,且都处于 $\alpha \geqslant \theta$ 的滑动区内,一旦开启漏斗下端的排沙闸,这些泥沙将迅速自然地排出库外。小型漏斗沉沙池及其在前池中的布置见图4-7,横向长坑式漏斗沉沙池及多漏斗式沉沙池见图4-8。漏斗排沙技术主要用于中小型水库的库尾截排沙及引水防沙工程。将沉沙池底部设计成漏斗式,漏斗式沉沙池相对于平底沉沙池,排沙快速,效果显著,一次排放量大;当排沙闸与漏斗尺寸的比例恰当时,排沙时的耗水量非常小,对电站的正常运行没有干扰。漏斗的大小由深度和顶面尺寸决定。漏斗的开挖深度对前池的施工条件影响较大,若深度大,工程量和施工困难程度也随之增大,因而必须加以控制。

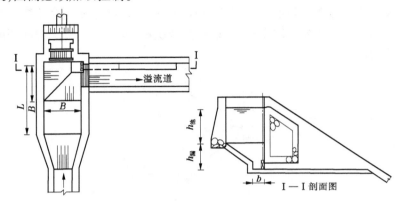

图 4-7　小型漏斗沉沙池及其在前池中的布置

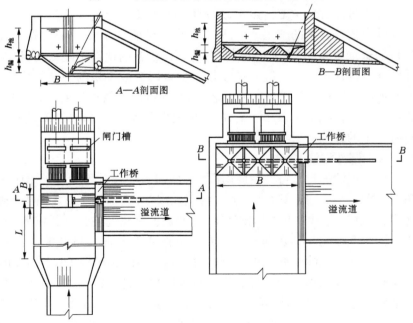

图 4-8　横向长坑式漏斗沉沙池及多漏斗式沉沙池

4.4   不同区域水库泥沙清淤处置方案

以长江为界划定北方地区和南方地区,统计 2015 年各区域经济数据发现,南方地区的经济水平优于北方地区的,不同区域经济总量情况如图 4-9 所示。区域经济发展对水库长期保持有效需水库容有一定的依赖,水库长期保持有效需水库容,增强了区域经济发展所需水资源供应能力。

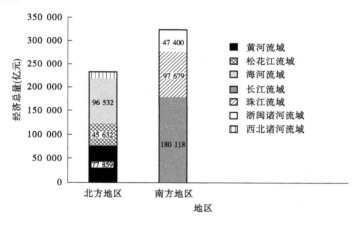

图 4-9   不同区域经济总量情况

目前,国内水库已有的水库库容恢复情况,经济发展较好的地区,水库清淤相对较多,且清淤的层次也较高,不仅有对水库本身库容恢复的要求,也有对水库生态景观和环保清淤实施的重视;相比较而言,北方大部分地区,由于水库清淤所需经费数额一般比较大,且北方地区水资源紧缺,加上地方财政支持有限,所以这些地区水库库容恢复主要是由国家科研项目投入支持,也主要在试验研究阶段,库容恢复的量相对比较少。

如浙江省各市 2016 年度的一般预算收入,杭州市、宁波市的一般预算收入都在千亿元以上,即使排在最后两位的丽水市(94.6 亿元)、衢州市(92 亿元)一般预算收入也将近百亿元;而同一年度的山西省,在一般预算收入方面,仅有太原市(274.2亿元)、晋中市(100.2亿元)在100亿元以上,一般预算收入最低的为阳泉市(44.2亿元)。浙江省台州市温岭太湖水库为温岭市生活供水,太湖水库2016年清淤工程预算总投资高达3 316万元,这对于地方财政支出来说,不是个小数目,水库的清淤需要在地方经济发展的前提下顺利开展。

本节根据水库功能性及所处地域地理与社会经济条件,在不考虑减少上游来沙的水库淤积防治技术的基础上,按北方河流水库和南方河流水库分类,提出不同区域水库泥沙清淤处置方案及案例。

4.4.1 北方河流水库泥沙清淤处置

根据前述分析,北方河流在水库功能上多以防洪、减淤、供水等公益为主,淤积量大,淤积泥沙粒径较细,水资源紧缺,地方经济欠发达,没有足够的资金支持实现大规模的水库泥沙清淤。在水库淤积防治方面,多采用水力调节和射流清淤、自吸式管道排沙、自排沙廊道、虹吸式清淤等技术,如三门峡水库、小华山水库;也有部分水库采用机械清淤技术,如岸堤水库。

4.4.1.1 三门峡水库

(1)所在流域:黄河流域。

(2)水库类型:公益性、多沙、大型水库。

(3)清淤方式:射流清淤。

三门峡水库于1957年4月动工,1961年4月基本建成投入运用,1986年以来,由于黄河汛期来水量大幅度减少等,一度保持相对稳定的潼关高程又开始逐步抬升,并于1995年汛末达到328.28 m。由于潼关高程居高不下,因此自1996年起在潼关—托克托河段进行了射流清淤工程。初期的清淤设备为2条简易射流船和3条绕流船,1999年发展为4条专业射流船,2002年增加到9条专业射流船。1996~1999年的清淤工作仅在主汛期进行(6~10月),2000年以后增加了桃汛期清淤(3~4月)。射流清淤的直接作用主要有两个方面:一方面是增大了水流含沙量,从而增大了河道输沙量;另一方面是改善了河道边界条件,提高了水流输沙能力。

在假定 1996~2000 年潼关河段不进行清淤的情况下,采用三门峡水库一维恒定流泥沙冲淤数学模型,计算了河道冲淤状况和潼关高程,并与实测结果进行了比较。结果表明:在清淤条件下,潼关—托克托河段汛期、非汛期年均淤积量均比未清淤条件下偏小,这说明在潼关河段附近开展射流清淤对减少淤积量是有效的;计算的 2000 年汛末潼关高程不清淤条件下为 328.57 m,而清淤条件下是 328.33 m,降低了 0.24 m,表明射流清淤对控制潼关高程抬升是起作用的。

4.4.1.2 小华山水库

（1）所在流域:黄河流域。

（2）水库类型:公益性、多沙、小型水库。

（3）清淤方式:自吸式管道排沙。

陕西省华县小华山水库,总库容为 176.8 万 m^3,有效库容为 139 万 m^3。水库于 1959 年建成,至 1976 年水库内已淤积泥沙 46.5 万 m^3,约占有效库容的 33.5%。为了满足下游农田灌溉的用水要求,水库大坝曾于 1977 年加高 3 m,用以增加水库的蓄水量。但实践证明,只靠加高大坝增蓄水量的措施是有限的。为了寻求减少水库淤积的途径,水库管理人员在近年来进行了自吸式管道排沙研究,在有关单位的协助下,取得了一定的科研成果,并在实践中发挥了明显作用。近两年来,水库利用自吸式管道排沙,每年清淤约 5 万 t;结合异重流排沙,出库泥沙量已超过了当年进库泥沙量,有效地防止了水库泥沙淤积量的增加。

自吸式管道排沙装置的操作船是由 4 只旧铁皮船（船的排水量为 7.8 m^3)拼装而成的。船上安装 4 台卷扬机,1 台用于升降簸箕形吸头,3 台用于控制船体做前后左右移动。簸箕形吸头的一侧装有宽 1 m 的锯齿形刮刀。此外,在吸头的上部及两侧还布设了 10 个喷嘴（有 2 台水泵供给高速水流),用于切削冲搅聚集的沉积物。输泥管是由直径为 30 mm 的钢管组成的,一端接在吸头上,另一端放置在放水洞的消力池处,并设有闸阀进行控制。使用水力吸泥装置时,先开动吸头切削冲搅泥沙,然后开启闸阀,利用库水面和放水洞洞底有 12~20 m 的水位差,进行排沙清淤,两年共清淤 9.7 万 t。

采用水力吸泥方法清淤有三个好处:一是经济效益明显;二是结合

灌溉进行清淤,有效地利用了有限的水资源;三是水肥双得,有利于农作物生长,达到农业增产的效果。

4.4.1.3　岸堤水库

（1）所在流域:淮河流域。

（2）水库类型:公益性、少沙、大型水库。

（3）清淤方式:冲吸式机械清淤。

岸堤水库是全国第一批 34 座重点病险库之一,总库容 7.49 亿 m³,最大坝高 29.7 m。坝体单薄,抗震能力差,为此要对坝脚进行抛石压重。为保持抛石压重体的稳定性,必须先将坝脚处的淤泥进行清除。建库多年来,坝前淤积厚度已达 2~3 m,淤积物为粉质黏壤土,黏结力较大。

1995 年 3 月 8 日开工,至 5 月 23 日实施冲吸式机械清淤,由山东省水利勘测设计院设计,具体清淤范围是砂壳坝段抛石压重体范围内坝坡及坝脚处的全部淤泥,并向上游适当扩宽 2~3 m,清淤最大水深达 10 m,平均水深 8 m 左右,工程量共计 4.87 万 m³。清淤工程开工前,经多方调查研究,决定使用江苏省泰兴建筑机械厂生产的 ZQL-Ⅱ型冲吸式水力清淤机,使用泥浆泵 62 个台班,清除淤泥 4.78 万 m³,实用工日 3 130 个,耗资 47.8 万元。

4.4.2　南方河流水库泥沙清淤处置

南方河流在水库功能上多以发电、灌溉等经济效益为主,淤积泥沙粒径较粗,来沙量少,水资源较充沛,地方经济相对发达,在水库淤积防治方面多采用机械清淤技术,如通济桥水库、石岩水库、天堂山水库。

4.4.2.1　通济桥水库

（1）所在流域:浙闽片河流域。

（2）水库类型:公益性、少沙、大型水库。

（3）清淤方式:绞吸式机械清淤。

通济桥水库是金华市浦江县最大的水库,总库容 8 076 万 m³,是浦阳江流域骨干防洪水利工程和重要的生态环保旅游水源地,也是浦江县城乡赖以发展的饮用水备用水源保护区。水库哺育着下游通济桥水库灌区 10.71 万亩耕地,灌区覆盖浦阳、浦南、仙华 3 个街道办事处及岩头、郑宅、黄宅 3 个镇,人口 21.9 万人,灌区人口占全县人口总数的57%。水库在为浦江县几个主要乡镇和经济开发区提供了大部分工农业生产生活用水的同时,还承担着浦阳江的生态供水任务。长期以来,通济桥水库为浦江县的经济社会发展起到了至关重要的作用。

2015 年 10 月开展的通济桥水库清淤工程,清淤工程总工程量 142 万 m³,是国内首个大中型水库生态清淤工程,采用"浙湖州浚 27"深水环保挖泥船从水库底不断吸出淤泥,通过一根架设在水面上的橙黄色管道,浑浊泥浆被输送到岸边,首先被过滤掉垃圾和大块砂石,泥浆经过分级沉淀,再被抽送入板框式压滤机,挤出水分后,制成干化淤泥。

4.4.2.2 石岩水库

(1)所在流域:珠江流域。

(2)水库类型:经济性、少沙、中型水库。

(3)清淤方式:绞吸式机械清淤。

石岩水库位于深圳市石岩街道,建成于 1960 年 3 月,坝址在茅洲河干流上游段,控制集雨面积 44 km²,正常蓄水库容 1 690 万 m³(相应水位 36.59 m),总库容 3 199 万 m³,属中型水库,防洪标准为设计 100年一遇,校核 2 000 年一遇,现在的主要功能是城市供水,兼有防洪。石岩水库是向石岩、公明、松岗、沙井、福永等街道供水的配送中心,是深圳市的重要饮用水水源。

石岩水库清淤工程的主要任务是对水库进行水下疏浚和陆地清淤,恢复有效库容,避免库底淤泥中所含重金属向水体释放,减少水体污染,达到改善水库供水水质的目的。石岩水库是深圳市的重要供水水库,供水安全直接影响着深圳西部经济的发展。为了保证工程实施过程中石岩水库的正常供水,采取环保清淤的方式。借鉴国内水库清淤经验,经过技术经济比较,采取就地建设泥库存放淤泥的方式。该工程分两步实施:第一步,实施石岩水库清淤泥库工程,泥库工程包括拦淤坝、溢流沉淀池、加氧曝气塘等建设;第二步,开展石岩水库清淤水下环保清淤工程,从而减少水体污染,改善水库水质。本工程施工任务是完成水下 33.5 m 以下清淤量 160 万 m³,工期为 3 年。

石岩水库清淤工程共完成疏浚面积为 1.55 km²,清淤量为 160 万 m³,工期 606 天。

4.4.2.3　天堂山水库

(1)所在流域:珠江流域。

(2)水库类型:经济性、少沙、大型水库。

(3)清淤方式:冲吸式机械清淤。

天堂山水利枢纽工程位于惠州市龙门县西北部的天堂山镇,水库控制集雨面积 461 km²,总库容 2.43 亿 m³,正常蓄水位 150 m,年发电量 6 100 万 kW·h,改善下游约 12.68 万亩农田的灌溉用水。天堂山水库具防洪、灌溉、发电等功能,为广州的经济发展和腾飞提供了保障,取得了巨大的社会、经济和生态效益。

天堂山水库上游北部山区乱开滥挖瓷土,造成了严重的水土流失。据 1997 年有关部门的统计,已开采或废弃的矿点共有 88 个,开挖面积 106 hm²,大量泥沙随洪水冲入水库,导致水库淤积且越来越严重。

天堂山水库于 2008 年 10 月完成第一条抽沙船的建造并投入抽沙清淤,每天抽沙 400~600 m³,2008 年累计抽沙约 3 万多 m³,2009 年 8 月投入使用第二条抽沙船,日抽沙量达到 1 000 m³以上,年抽沙量达到 25 万 m³以上。由于水库泥沙淤积主要集中在水位的变动区,占用水库的有效库容,每年抽沙 25 万 m³,相当于水库每年恢复有效库容 25 万 m³,发电效益、防洪效益和成品沙商业效益都相当明显。

第 5 章 泥沙资源利用方向及技术

随着经济社会的发展和科学技术的进步,泥沙的资源属性和价值逐渐显现,泥沙资源利用技术的发展与经济社会对泥沙资源需求的增强,为水库泥沙资源的大规模利用提供了可能。水库淤积泥沙如果能得到合理地利用,将不同程度地遏制水库淤积的趋势,改善泥沙淤积部位,这既是解决水库泥沙淤积问题最直接有效的途径,也是充分发挥水库功能、维持河流健康的重大需求。

5.1 典型流域泥沙资源利用方向

5.1.1 黄河流域泥沙资源利用方向

黄河流域泥沙利用方向按作用可分为黄河防洪利用、放淤改土与生态重建、河口造陆及湿地水生态维持、建筑与工业材料四个方面(见表5-1);按利用方式可分为直接利用和转型利用两个方面。

表 5-1　黄河流域泥沙利用方向分类

泥沙利用方向分类	具体利用方向	泥沙利用性质
黄河防洪利用	放淤固堤	直接利用
	淤填堤河	
	"二级悬河"治理	
	人工防汛石材制备	转型利用
放淤改土与生态重建	土地改良	直接利用
	生态修复煤矿等沉陷区	
	治理水体污染	

续表 5-1

泥沙利用方向分类	具体利用方向	泥沙利用性质
河口造陆及湿地 水生态维持	填海造陆 盐碱地改良 湿地及河口水生态维持	直接利用
建筑与工业材料	建筑用沙,干混砂浆	直接利用
	泥沙免烧蒸养砖、混凝土砌块 烧制陶粒、陶瓷酒瓶 新型工业原材料、型砂 陶冶金属、制备微晶玻璃	转型利用

5.1.1.1 黄河防洪利用

在黄河防洪利用方面,对黄河泥沙特性的要求不高,主要作为土方利用,泥沙资源利用量大,是目前泥沙资源利用的主要方向,也是重点利用方向。

黄河防洪利用包括放淤固堤、淤填堤河、"二级悬河"治理、人工防汛石材制备等,除人工防汛石材制备属转型利用外,其他均是直接利用。

通过放淤固堤对黄河下游两岸 1 371.2 km 的临黄大堤先后进行了 4 次加高培厚;通过开展标准化堤防工程建设,仅 1999~2005 年,黄河下游放淤固堤就利用泥沙 0.67 亿 t;20 世纪 90 年代在河南和山东开展的挖河固堤试验,也利用泥沙 1 439 万 t。在人工防汛石材新技术应用方面,黄河水利科学研究院在中央水利建设基金和水利部科技成果重点推广项目资金支持下,研制出黄河抢险用大块石,利用黄河泥沙制作备防石,节省了大量天然石料。此外,黄委组织开展的大土工包机械化抢险技术、利用泥沙充填长管袋沉排坝防汛抢险技术等,都是黄河泥沙在防汛抢险方面的应用。这些技术是"以河治河"理念的延伸,既满足了防汛需要,又因地制宜地就近利用黄河泥沙,为解决黄河泥沙问题提供了新的途径。

5.1.1.2 放淤改土与生态重建

放淤改土与生态重建包括土地改良、生态修复煤矿等沉陷区、治理水体污染等,均为直接利用。

黄委在 20 世纪 50 年代中期就在黄河三角洲进行了放淤改土试验研究,到 1990 年底共计淤改土地超过 20 万 hm², 近年来黄委又先后进行了温孟滩淤滩改土、小北干流放淤试验、黄河下游滩区放淤、内蒙古河段十大孔兑放淤及大堤背河低洼盐碱地放淤改土等实践。在利用黄河泥沙生态重建方面,近年来山东济宁市相关单位开展了利用黄河泥沙对采煤塌陷地进行充填复垦试验;菏泽黄河河务局也联合有关单位,计划利用黄河泥沙回填巨野煤田沉陷区;河海大学利用黄河花园口泥沙,开展了利用泥沙治理水体污染的初步研究,取得了一些初步成果,但与生产需求仍有不小距离,还需进一步研究。

5.1.1.3 河口造陆及湿地水生态维持

河口造陆及湿地水生态维持方面的利用包括填河造陆、盐碱地改良、湿地及河口水生态维持等,均为直接利用。

在河口造陆方面,从 1855 年到 1954 年,黄河现有流路实际行河 64 年,河口累计来沙 930 多亿 t,年均来沙 14.53 亿 t,共造陆 1 510 km², 年均造陆 23 km²;1954 年至 2001 年,黄河三角洲新生陆地面积达 990 km², 从而使得黄河河口地区成为我国东部沿海土地后备资源最多、开发潜力最大的地区之一。

在盐碱地改良方面,根据黄河三角洲高效生态经济区发展规划,目前黄河三角洲未利用土地约 800 万亩,其中盐碱地 270 万亩,荒草地 148 万亩。以盐碱地为主的未利用地集中分布于渤海湾沿岸,地势平坦,地面高程低,受到盐水的侵袭,盐渍化严重。发展规划中提出,支持黄河三角洲盐碱地治理,有计划地对盐碱地进行开发治理和改造中低产田,具体目标是 2015 年治理盐碱地 100 万亩,改造中低产田 300 万亩。

在湿地及河口水生态维持方面,泥沙淤积造陆对湿地的形成发挥了重要的作用,使河口三角洲丰富多样化的生物、植物资源和水生态维系机制得以形成。目前,黄河三角洲自然保护区内有各种野生动植物

1 921 种,其中水生动物 641 种、鸟类 269 种、植物 393 种;在植物类型中,属国家二级重点保护植物的野大豆在该区内广泛分布,面积达 0.8 万 hm²。此外,5.1 万 hm² 的天然草场、0.07 万 hm² 的天然实生柳林和 0.81 万 hm² 的天然柽柳灌木林也在保护区内有分布,还有华北平原面积最大的人工刺槐林,面积达 1.2 万 hm²。

5.1.1.4 建筑与工业材料

建筑与工业材料利用包括建筑用沙,干混砂浆,泥沙免烧蒸养砖、混凝土砌块、烧制陶粒、陶瓷酒瓶、新型工业原材料、型砂、陶冶金属、制备微晶玻璃等。除建筑用沙,干混砂浆为直接利用外,其他均为转型利用。

近 20 年来,经过深入研究,人们对黄河泥沙的特性有了更加深刻和全面的认识,取得了丰富的综合利用黄河泥沙的经验,研制出了一系列由黄河泥沙制成的建材和装饰产品,主要有烧结内燃砖、灰砂实心砖、烧结空心砖、烧结多孔砖(承重空心砖)、建筑瓦和琉璃瓦、墙地砖、拓扑互锁结构砖及干混砂浆等,并在利用黄河泥沙制作免蒸加气混凝土砌块、烧制陶粒、微晶玻璃及新型工业原材料研制等方面进行了探索,取得了良好的效果。但上述研究开发出的黄河泥沙资源利用产品,大多处于试验研究或中试阶段,由于缺乏泥沙资源利用的成套设备,无法大规模生产而造成成本偏高,因此对社会投资的吸引力较小,这在一定程度上制约了黄河泥沙资源利用的大规模开展。

5.1.2 长江流域泥沙资源利用方向

5.1.2.1 长江口滩涂淤展及开发利用

长江千百年来奔流而下,给下游河口地区带来了丰富的泥沙资源,造就了河口三角洲广袤富足的水乡平原和大片的河口滩涂湿地。在自然条件下,长江每年挟带约 4.86 亿 t 泥沙入海,在长江口口外水域形成了水下三角洲,并不断由陆向海延伸。近 50 年来,在泥沙天然沉积与人工淤沙的共同作用下,长江口新造陆地近 800 km²,为上海市带来了得天独厚的滩涂资源。显然,长江口滩涂淤展及造地需要长江不断地有一定数量的泥沙供给,否则长江口淤展速度将大大减缓,甚至在潮流及波浪作用下出现滩涂侵蚀后退。

5.1.2.2 建筑材料及其转化

砂石料是建筑和建设工业用料的重要来源,河道采砂是获取砂石料的主要途径。长江河道采砂历史悠久,但以往因长江河道泥沙资源丰富、开采技术落后,经济社会发展对泥沙需求量有限等因素,河道泥沙开采量并不大,对河道防洪、河势、航运等影响相对较小。随着长江经济带建设与采砂技术的快速发展,建筑砂石料需求量与开采能力大增。据统计,20 世纪 80 年代末 90 年代初,长江中下游采砂量约为 2 600 万 t。90 年代长江上游每年的采砂量超过 3 000 万 t。近年来,长江中下游年均采砂量已超过 4 000 万 t。但江砂过度开采会引发一系列问题,如影响防洪安全、河势稳定、通航安全及国民经济与社会的可持续发展等。

5.1.2.3 工程吹填用沙

长江流域工程吹填用沙主要包括堤防加固工程中的淤临淤背、吹填渊塘,河道及航道整治工程,沿江吹填造地等。在工程应用上,一开始是利用挖泥船吹填消灭堤内渊塘,如湖北荆江大堤吹填、洞庭湖区吹填等。由于吹填效益显著,吹填工程得到了迅速发展,由开始的填塘发展到固基和压浸防渗,进而在 20 世纪 80 年代试用挖泥船直接吹筑大堤,取得了很大成功。90 年代以来,采用挖泥船吹填堵口复堤取得了很好的效果,并在洞庭湖区的丰顺垸、围堤湖堤、南湖撇洪河堤、烂泥湖牌口堤、团洲垸、共华垸、钱团间堤、澧南垸、西官垸、安造垸、翻身垸及民主垸等堤段得到了广泛应用。进入 21 世纪以来,沿江经济发展迅速,高速公路建设与低洼地区吹填造地等对长江河道泥沙需求量大增,例如,武汉河段在 2005~2009 年,吹填采砂量不少于 1 330 万 m³,长江三角洲开发区前沿的江苏太仓港三、四、五期围滩吹填仅 2003 年的采砂量就超过了 3 000 万 m³。由此可见,长江流域工程吹填用沙开采长江泥沙量也十分可观,甚至超过建筑用料的河道采砂量。

5.1.2.4 其他表现

随着长江流域经济的发展,对泥沙资源的合理开发利用一举多得,有着广阔的应用前景和丰厚的经济效益。河流泥沙从上游搬运来大量矿物元素和有机质,对改良土壤结构、提高土壤肥力有显著作用。在汛期利用一些圩垸行洪,不但可以增加洪水调蓄场所,降低洪水位,减少河道的淤积,而且能够改良土壤,提高作物产量,减少生产和施用化肥农药,降低成本,减少水质污染。此外,泥沙在河道输移过程中塑造的微地貌及复杂多变的河床形态有助于改善水生生境与局部区域的生态环境。

5.2 水库泥沙资源利用技术

5.2.1 人工管道输沙技术

人工管道输沙技术是泥沙资源利用的关键技术之一,在放淤固堤、挖河固堤、放淤改土、"二级悬河"治理、修复采煤沉陷区、建筑与工业材料等利用方向上发挥着重要的作用,是泥沙资源利用的基础。

5.2.1.1 远程管道输送泥沙技术

现阶段,远程管道输送泥沙技术主要有以下两种方式。

(1)泵与泵串联方式接力输送。

合理的输沙距离与机泵设备能力、泥沙粒径、泥浆浓度、管道特性等因素及淤区位置状况有关。常采用的挖泥船与泥浆泵、泥浆泵与泥浆泵串联接力方式,使用相同的泵型和等径排泥管,泵型选择扬程高的泥浆泵,如8PSJ型衬胶泵和10PNK-20型泥浆泵。动力采用柴油机驱动,接力泵在管道中至主泵的距离控制在总输距的30%~40%。输送距离可达3 000~5 000 m。

(2)组合型方式远程输送。

组合型方式是采用多台小型泥浆泵挖泥并通过集浆池由大泵接力输送泥沙。小型泥浆泵多采用4PL-230型、4PL-250型及4PNL-250型和6PNL-265型,大泵接力常采用250ND-22型和10EPN-31型泥浆泵,输送含沙量达400~500 kg/m³。输送距离也在3 000~5 000 m,如果是3级接力输送,可达7 000 m。组合型方式远程输送灵活机动,易操作管理,便于拆迁和运输,适宜于挖取黄河滩地,但用工多,耗水量大,要有一定的水源,动力能耗也较大。

5.2.1.2　管道输沙技术近期研究成果

目前,管道输沙的动力由以前的以柴油机为主发展为以高压动力电为主,由单级输沙发展到多级接力配合输沙,输沙距离由最初的1 000 m左右发展到12 000 m以上,单船日输沙能力最大达到5 000 m³以上。

5.2.2　修复采煤沉陷区及充填开采技术

利用丰富的泥沙资源进行采煤沉陷地的充填复垦是水库泥沙清淤处置技术的主要方向之一。为了从根本上解决煤矿采空区的土地沉陷问题,利用泥沙进行充填开采的煤矿充填技术,近期也进行了探索性研究。

(1)利用泥沙修复采煤沉陷区技术。

王培俊等对黄河泥沙作为采煤沉陷地充填复垦材料的可行性进行了分析,通过在济宁市开展的采样试验,测定了黄河泥沙的土壤质地、pH、电导率、有机质、营养物质和8种重金属(As、Cd、Cr、Cu、Ni、Pb、Zn及Hg)等理化指标,指出黄河泥沙用作采煤沉陷地的充填复垦材料是可行的,但需改善其保水保肥性能和肥力水平。中国矿业大学胡振琪教授选取济宁市北部试验场为研究对象,探寻了引黄河泥沙充填复垦采煤沉陷地的新技术,包括技术工艺流程、复垦后地貌景观、复垦土壤剖面状况、复垦土壤理化性状及复垦农田生产力等。

(2)利用泥沙进行煤矿充填开采技术。

采空区充填是控制岩层破断移动和地表沉陷的最有效的方法,目前的充填开采主要有矸石直接充填技术、高水材料充填技术、膏体充填技术等。黄河泥沙充填开采适宜使用膏体充填技术。

把泥沙、工业炉渣等固体废弃物在地面加工成不需要脱水的牙膏状浆体,然后用充填泵或自流通过管道输送到井下,在直接顶主体尚未垮落前及时充填回采工作面后方采空区,形成以膏体充填、窄煤柱和老顶关键层构成的必要的覆岩支撑体系,达到固体废弃物资源化利用、控制开采引起的覆岩和地表破坏与沉陷、保护地下水资源、提高矿产资源采出率、改善矿山安全生产条件的目的。

黄河水利科学研究院为了研究黄河泥沙作为煤矿充填材料的可行性，以焦作某煤矿目前使用的充填材料为基准，以黄河淤积泥沙为主料，通过掺入水泥、粉煤灰及适量的外加剂，开展了配合比试验，调整泥沙、水泥、粉煤灰、水和外加剂的种类和掺量，使试验充填材料性能逐渐接近煤矿充填要求。经测试，充填体 28 d 抗压强度达到 10 MPa，达到了填充材料的力学指标。

5.2.3 型砂加工技术

型砂是在铸造中用来造型的材料，一般由铸造用原砂、型砂黏结剂和辅加物等造型材料按一定的比例混合而成。型砂按所用黏结剂不同，分为黏土砂、水玻璃砂、水泥砂、树脂砂等。以黏土砂、水玻璃砂及树脂砂用得最多。

型砂在铸造生产中的作用极为重要，因型砂的质量不好而造成的铸件废品占铸件总废品的 30% ~ 50%。通常对型砂的要求是：

(1)具有较高的强度和热稳定性，以承受各种外力和高温的作用。

(2)具有良好的流动性，流动性即型砂在外力或本身重力作用下砂粒间相互移动的能力。

(3)具有一定的可塑性，可塑性即型砂在外力作用下变形，当外力去除后能保持所给予的形状的能力。

(4)具有较好的透气性，透气性即型砂孔隙透过气体的能力。

(5)具有高的溃散性，又称出砂性，溃散性即在铸件凝固后型砂是否容易破坏，是否容易从铸件上清除的性能。

泥沙经过水洗、擦洗、烘干、筛选、级配等加工，形成不同规格的型砂，是湿型砂、干型砂、树脂砂、覆膜砂、水玻璃砂、芯用砂的首选用砂，更适用于外墙保温用砂。型砂的主要产品有铸造用水洗砂、擦洗砂、烘干砂、外墙保温用砂、各种规格的石英砂等。

5.2.4 人造备防石制作技术

黄河流域每年汛期前需要储备几十万立方米的防汛石料，由于石料开采逐渐受到限制,且运输费用显著提高,在实践中人们提出了利用黄河泥沙制作人造备防石的设想。

山东黄河河务局李希宁等在分析黄河泥沙性能的基础上,以黄河泥沙为主要原料,采用压力成型、高温烧结等方法,制备出了综合性能优于天然青石料的人工备防石,研究提出了利用黄河淤泥沙制造人工备防石的工艺过程。试验研究表明,用黄河泥沙生产人工备防石是完全可行的,不仅有利于黄河泥沙资源利用,而且具有较大的环境效益、经济效益和社会效益。

黄河水利科学研究院通过对黄河泥沙的分析,研究出了以天然黄河泥沙和工业废料为主要原材料的备防石材料水泥基配方,并应用碾压混凝土的成型工艺,进行了备防石的现场制作。备防石可以根据需要切割成任意尺寸,其单块重量大,解决了抢险过程中根石容易走失的难题。在项目研究过程中,黄河水利科学研究院科研人员又研制出了使用非水泥基胶凝材料的备防石制作技术,使黄河泥沙的使用比例达到70%～85%,大大提高了黄河泥沙的使用量。同时,又根据备防石制作工艺,研制出了配套的机械化生产设备,大大提高了制作效率。

5.2.5　生态砖制作技术

根据市场对建筑用砖的需求和国家对黏土实心砖的限制,黄河水利科学研究院研制出了利用黄河泥沙制作生态砖的相关技术,并建设了黄河泥沙生态砖生产示范基地,编制了《非烧结普通黄河泥沙砖》(Q/HNHK－001－2008)企业技术标准。

此外,黄河水利科学研究院还发明了利用黄河泥沙制作拓扑互锁结构砖技术,并获得外观发明专利。拓扑互锁结构砖采用拓扑互锁的原理设计了新型的衬砌砖,其具有整体稳定性好、施工工艺简单、效率高的特点,主要用于渠道及过水建筑的衬砌中。

5.2.6　砂质中低产田土壤改良技术

国土资源部2009年的《中国耕地质量等级调查与评定》显示,在我国的耕地面积中,中低产田高达60%以上。中低产田是我国重要的耕地资源,具有很大的粮食增产潜力。沿黄河南、山东等省是我国重要的农业生产基地和粮食核心产区,同时也是我国粮食增产潜能主要发掘区。

2014年开始,黄河水利科学研究院开展了利用黄河泥沙改良砂质中低产田的试验研究。2015年10月至2016年6月,又采用不同的处理方式对中牟县雁鸣湖镇黄河滩区某农田进行改良试验,结果表明:黄河泥沙与鸡粪或者保水剂的组合使用,比单独使用黄河泥沙增产效果更加显著,其中掺入20%黄河泥沙亩产最高,"掺入20%黄河泥沙+鸡粪+保水剂"的改良试验方案可以实现小麦产量增加20%以上。

第6章　水库清淤综合效益评估

前述在系统研究水库淤积特征及成因的基础上,分析了水库淤积对大坝与防洪、社会与经济、生态与环境等方面的影响,提出了水库淤积对水库功能影响及淤积风险评估的方法,并开展了水库淤积防治关键技术及泥沙资源利用技术的研究。本章提出了全面评价水库清淤产生的社会经济效益的数学方法。

6.1　水库清淤综合评估指标体系构建

6.1.1　评估指标选择的原则

泥沙作为水体中的重要组成成分,因其自然属性而具有社会功能的两面性。一方面,泥沙在水库中的淤积造成了库容萎缩、水库功能的衰退;另一方面,泥沙的主要成分为二氧化硅,是工程基建材料、陶瓷制品的原材料;泥沙吸附大量的营养成分,为水体中许多浮游生物、水生动植物提供了养分和生境,在陆地上可用于改良土壤肥力;泥沙更长效的用途是淤积造陆,从地学角度看,广袤的黄淮海大平原,正是泥沙经年淤积的产物。

因此,在构建水库清淤综合评估指标体系中,必须坚持对泥沙的全面认识,权衡其利害关系,理清其正负效益,覆盖其各个维度,遵循如下四条基本原则。

(1)全面性原则。

所选取的指标涵盖水库清淤所能够产生显著效益的所有维度(本次评估体系构建不包括不具显著代表性的通航、旅游、养殖等效益)。从当前国家战略层面看,应包括:经济效益——水库清淤泥沙资源利用的直接效益和发电供水产生的间接经济效益;社会效益——防洪效益与供水效益;生态环境效益——对生物与非生物的影响。这三个维度的效益之间以水为纽带存在着耦合关系,在具体的案例分析中,应该根据研究水体所处的不同区域与社会功能,采取相应的数学手段解耦。

（2）代表性原则。

水体生态系统是开放的。对水体生态系统的任何扰动,其影响均是普遍而深远的。因此,在选取水库清淤评估指标时,既要力求能够覆盖与国家战略需求相关的各个层面,也必须去芜存菁,抓住事物的主要矛盾。对于影响较小的、当前认识不清的一些效益与影响,暂不予考虑。

（3）时效性原则。

水库清淤既有一次性的短期效益,也有其长期效益。从水库清淤泥沙直接利用的角度,作为工业原材料的出售是一次性效益,造陆、改良土壤的效益却是长期的;从水库供水发电与生态的效益看,只要取出的泥沙没有被全部淤积,则多出的库容就能够持续发挥效益。因此,在指标选取时,必须区分不同指标的效益时效性;对于具有时效性的评价指标,必须考虑水库清淤后的逐渐回淤过程,对于黄河这样的多沙河流而言,这一点尤为重要。

（4）空间差异性原则。

在哪座水库取沙,在水库内取沙的具体坐标、高程都影响着水库清淤的综合效益。从直接效益上讲,不同空间位置的取沙粒径级配不同,邻近区域的市场需求也不同,直接经济效益相差甚远;从间接经济效益上讲,不同空间位置的取沙影响着防洪影响区域的划定,涉及发电、供水、调洪使用库容的区别与联系,因此必须具体位置具体分析,在统一的计算方法指导下,根据空间的差异性调整具体的评价指标与评价模型参数。

6.1.2 评估指标体系的架构与指标选取

在上述思路下,构建了水库清淤综合评估指标体系。该系统以全面客观评价水库清淤效益为目标,总体框架包括目标层、理论层、技术层和应用层四个层次,一是水库清淤效益的指标体系的逻辑构架;二是指标体系的理论支撑;三是指标体系的求解方法和计算方式;四是指标体系的应用范畴。

6.1.3 时间效应分析

对水库清淤的效益评价是多个维度的,部分维度的效益与时间无关,如泥沙资源的直接利用效益,另一部分则有显著的时间效益,如发电、防洪、生态、环境、供水等。其中,水库清淤时间效益尤为显著。

水库清淤的时间效益即指水库新增库容随时间的延长逐渐淤积,各维度的效益随之逐渐降低。泥沙资源利用新增库容的恢复过程与水库淤积规律与过程相关,有必要对其进行研究并清晰表达,计算与时间有关的效益是如何衰减的。

以水库为例给出了时间效益分析的通用方法。目前,通用的计算方法根据水库的淤积库容/剩余库容与时间的关系,拟合其衰减曲线,确定水库泥沙处理库容及其在关系曲线的位置,计算新增库容达到清淤年份库容/冲淤平衡的年数及其每年的库容衰减量,以年为时间效益计算单位,根据每年新增库容的衰减程度计算发电、防洪、生态、环境、供水等各方面效益的衰减过程。

根据沙莫夫经验公式,水库剩余库容与淤积年份成指数衰减关系(《泥沙设计手册》,2006),因此在本书中采用指数衰减方程来拟合曲线。计算公式为

$$V = V_0 e^{-\kappa t} \tag{6-1}$$

式中　V——t 年后水库剩余库容,亿 m^3;

$\quad\quad V_0$——水库计算初始库容,亿 m^3;

$\quad\quad t$——淤积时间,年;

$\quad\quad \kappa$——水库库容衰减参数。

本方法为经验方法,未来针对具体的算例,也可开发专门的水沙模型对其淤积过程展开更细化的计算。

6.1.4 空间差异性分析

水库清淤空间差异性除考虑直接经济效益、防洪效益两项外,还需

要考虑发电效益、供水效益、防洪效益、生态效益、环境效益分别针对的库容,因此对取沙的高程区间也要做具体区分。具体而言,发电与供水针对的是水库的兴利库容(正常蓄水位至死水位之间,Ⅱ+Ⅲ),防洪效益则可分为调洪经济与减淤效益两部分,调洪效益针对的是水库的调洪库容(校核洪水位至防洪限制水位之间,Ⅲ+Ⅳ),减淤效益针对的是水库的总库容(校核洪水位至坝底高程之间,Ⅰ+Ⅱ+Ⅲ+Ⅳ),生态与环境效益针对的是水库的总库容(校核洪水位至坝底高程之间,Ⅰ+Ⅱ+Ⅲ+Ⅳ)。可以看出,在水库的不同淤积高程取沙,其对各类效益的影响是不同的,既有区别,也有重叠,这部分重叠区域正是计算的关键难点之一。典型水库的库容功能区划分见图6-1。

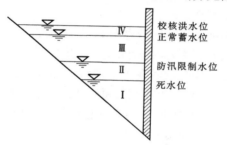

图6-1　典型水库的库容功能区划分

6.2　综合评估指标计算方法

本节正是从改造自然—自然反馈的角度,试图全面系统地分析泥沙资源利用产生的直接利用、发电、供水、防洪、经济、生态、环境效益等,并将其纳入一套统一、具体、定量的评价体系中予以评价。

6.2.1　直接利用效益

清淤泥沙利用后,无论用于建筑、工业,还是用于防洪、改土、造陆,其作为原材料都将产生经济效益。这部分效益也是驱动企业和个人从事泥沙资源利用项目的主要原动力。直接利用效益不存在时间效益。

6.2.1.1 生产成本

生产成本为生产产品或提供劳务而发生的各项生产费用,包括各项固定成本和变动成本。计算公式为

$$C = C_g T + C_b X \qquad (6\text{-}2)$$

式中　C——生产成本,元;

　　　C_g——固定成本折旧额,元/年;

　　　T——设备使用时间,年;

　　　C_b——变动成本单价,元/m³;

　　　X——泥沙资源利用量,m³。

其中

$$C_g = \frac{C_0 - (C_m - C_q)}{t} \qquad (6\text{-}3)$$

式中　C_0——固定资产原值,元;

　　　C_m——预计残值收入,元;

　　　C_q——预计清理费用,元;

　　　t——设备预计使用年限,年。

6.2.1.2 一次利用直接效益

泥沙从水库挖掘直接利用,不发生二次加工利用所产生的经济效益为本书研究的一次利用直接效益。用式(6-4)计算,即

$$Z_\alpha = P\alpha X - C_p \alpha X \qquad (6\text{-}4)$$

式中　Z_α——泥沙资源利用产生的一次利用直接效益,元;

　　　P——开采出售原材料的单价,元/m³;

　　　X——泥沙资源利用量,m³;

　　　α——产生一次利用直接效益泥沙资源利用量占泥沙资源利用总量的比例(根据采沙颗粒级配及市场需求确定);

　　　C_p——泥沙直接利用时额外产生的单价成本,元/m³。

6.2.1.3 二次利用直接效益

泥沙从水库挖掘出来二次加工,生产出成品或原材料加以利用所产生的经济效益为本书研究的二次利用直接效益。用式(6-5)计算,即

$$Z_\beta = \sum_{i=1}^n P_i \beta_i X - C_i \beta_i X$$

$$\sum_{i=1}^n \beta_i = 1 - \alpha \tag{6-5}$$

式中 Z_β——泥沙资源利用产生的二次利用直接效益,元;

   P_i——加工泥沙出售原材料或加工成品单价,元/m^3;

   β_i——产生二次利用直接效益泥沙资源利用量占泥沙资源利用总量的比例(根据采沙颗粒级配及市场需求确定);

   C_i——加工泥沙的成本,元/m^3。

本书研究的直接利用效益包括一次利用和二次利用直接效益之和减去生产成本。

$$Z = Z_\alpha + Z_\beta - C \tag{6-6}$$

6.2.2   发电效益

发电效益与水库减沙是相联系的。通常意义上,水库的发电效益与发电水头(H_D)和过机流量(Q_D)直接相关,采用式(6-7)计算,即

$$D = b(AgH_D Q_D)T \tag{6-7}$$

式中 D——发电效益,元;

   b——水库上网电价,元/(kW·h);

   A——水轮机发电效率;

   g——重力加速度,取 9.8 N/kg;

   H_D——发电平均水头,m;

   Q_D——水轮发电机组平均过机流量,m^3/s;

   T——水轮发电机的运行时间,s。

分两种情景讨论发电效益的计算方法。

对于南方水资源丰沛的水库而言,弃水是时常发生的。此时,减淤多出的兴利库容就等同于能够多用的水资源量。新增加的水资源量产生的新增发电量可用式(6-8)计算,即

$$\Delta D = b(AgH_D Q_D)\Delta T$$

$$\Delta T = \frac{\eta_E \xi NX}{Q_D}$$

(6-8)

式中　ΔD——新增发电效益,元;

ΔT——新增发电时间,s;

X——该水库新增兴利库容,m^3;

η_E——水库水资源利用系数,其物理意义为水库出库水量用于发电的比例;

N——水库弃水再利用系数,其物理意义为水库年内每次过洪弃水量能够重新蓄满新增兴利库容的累加次数(每次弃水量大于新增库容的按 1 计算,小于新增库容的按弃水量/新增兴利库容计算)。

对于我国北方和内陆缺水地区的水库而言,几乎不存在弃水现象。此时,由于减淤多出的兴利库容更多的是保证了在枯水年份,水库仍有足够的库容达到保证出力,通过提高发电保证率从而提高了发电效益。这里基于谢金明与吴保生(2012 年)提出的基于库容的发电效益计算方法来计算因兴利库容增加而增加的发电效益。该方法适用于多年调节水库,除发电用水外不考虑其他泄水,且不考虑库区的水量蒸发,因此计算值与真实值之间仍会存在一些偏差。

该方法的计算原理为水库的年入库流量过程是不稳定的。在特别枯水的年份可能由于来流量过小而达不到该年的发电保证率,这对水库的发电效益影响是破坏性的。此时新增的兴利库容就将发挥作用,即将过去几年水量较为丰沛时期存于新增兴利库容中的水用于枯水年发电,进一步提高水库的发电保证率,进而提高发电效益。换句话说,虽然水库用于发电的水资源量并没有增加,但是由于水库兴利库容的存在,改变了水资源量的时间分配过程,从而提高了发电保证率,如图 6-2所示。

谢金明与吴保生(2012 年)基于水库的入库年径流量满足正态分布的假设,给出了兼顾发电功能和其他功能的年调节水库多年平均发电能力计算公式为

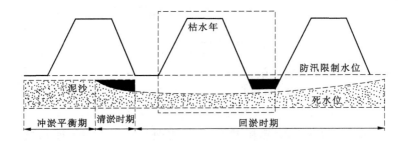

图 6-2 不弃水水库的新增发电效益计算原理

$$D = b(Ag)\left(\mu - \frac{Z_p^2}{4S_{ar}}C_v^2\mu^2\right)H_D/3\,600 \tag{6-9}$$

式中 μ——多年平均入库径流量，m^3；

      S_{ar}——水库兴利库容，m^3；

      Z_p——100% 发电保证率对应的标准正态变量值；

      C_v——入库年径流系列变差系数；

      其余符号意义同前。

由式(6-9)即可得，当水库兴利库容变动时，其新增发电效益为

$$\Delta D = b(Ag)\left[\frac{Z_p^2 C_v^2 \mu^2 X_D}{4S_{ar}(S_{ar} + X_D)}\right]H_D/3\,600 \tag{6-10}$$

式中 X_D——新增用于发电的兴利库容，m^3，多数情况下不等于泥沙
            资源利用的总量 X，m^3。

      其余符号意义同前。

计算发电效益时应注意两点：一是水库的发电效益与供水效益都是针对水库多蓄的兴利库容，即这部分库容是两者共用。因此，需引入发电用水分配系数 ξ_o，其物理意义是兴利库容中用于发电的库容比例。通常情况下，默认新增库容的分配模式仍然按照水库设计时的比例进行；在特殊情况下，可能需要运用层次分析法确定新增库容中用于支持发电和供水的分配系数。二是水库的发电效益是存在时间效应的。随着新增兴利库容逐渐淤满，由于泥沙利用所带来的发电效益也将逐渐衰减到 0。最终的总发电效益应该是从库容清淤的年份到新增

库容淤满年份之间数年来的发电效益之和。

6.2.3 供水效益

供水效益的计算首先要实现两个重叠域的识别与分配过程。

第一是发电与供水之间共享新增兴利库容之间的重叠域识别与分配。这部分在发电效益计算中通过引入发电用水分配系数 ξ_o 来解决，则相应的供水占用的新增兴利库容的比例即为 $1-\xi_o$。

第二是供水效益内部之间经济效益与社会效益之间的重叠域识别与分配。这之间的效益分配，实质上是通过经济社会发展的规划来实现的，其决策过程未来可做进一步研究。本书中，同样引入分配系数 ξ_i，即用于经济效益的供水份额占总供水量的比例。

本书中，将供水分为一级效益与二级效益。其中，一级效益是指水库供水中用于工农业生产的部分，这部分产生了直接的经济效益，作为供水的经济效益部分；二级效益是指水库供水用于城镇居民生活用水、维持生态环境用水的部分，这部分作为供水的社会效益部分。

供水效益的计算与发电效益既类似，也有所不同。与发电用水多多益善相比，供水效益对保证率的要求更为严格。因此，在水资源丰沛地区不用专门考虑新增库容引起的供水效益的计算方法，但在水资源较少地区，通过水库兴利库容的时间调节作用，使供水保证率得到有效提高，以显著提高该地区的供水效益。同样，采用谢金明与吴保生（2012 年）提出的计算方法，得到在给定兴利库容和年入库径流条件下，水库一定供水保证率的年供水量 $W_D(\mathrm{m}^3)$ 的计算公式为

$$W_D = \alpha \left(\mu - \frac{Z_p^2}{4S_{ar}} C_v^2 \mu^2 \right) \tag{6-11}$$

式中 α——多年平均目标供水量与多年平均入库径流量的比值。

由式（6-11）可知，在保证水库供水量 W_D 一定的条件下，增大兴利库容 S_{ar}，保证供水量就可以提高 Z_p 值，相应地提高对应的供水保证率 P 值。但在实际计算中，由于难以直接建立增加的供水保证率与供水效益之间的定量关系，因此采用等效计算的思路，即在供水保证率不变的情况下，增大兴利库容即增大了年供水量，这部分增加的年供水量产

生的效益即为水库清淤增加的供水效益。

增加的年供水量计算公式为

$$\Delta W_D = \frac{\alpha Z_p^2 C_v^2 \mu^2}{4 S_{ar}(S_{ar} + X_G)} X_G \qquad (6-12)$$

式中 X_G——新增兴利库容中用于提高供水保证率的部分，m^3。

6.2.3.1   供水一级效益——经济效益

水库减沙有效提高了工农业用水的供水保证率。其供水一级效益计算公式可简化为

$$G_1 = G_n + G_g = (\mu_n - \mu_0) \sum_{i=1}^{n} W_{n,i} + (\mu_g - \mu_0) \sum_{i=1}^{n} W_{g,i}$$

$$(6-13)$$

式中 G_1——供水一级效益，元；

        G_n——农业用水的直接增加效益，元；

        G_g——工业用水的直接增加效益，元；

        $W_{n,i}$——各河段新增农业用水量，m^3；

        $W_{g,i}$——各河段新增工业用水量，m^3；

        μ_n——引水区域农业用水水价，元/m^3；

        μ_g——引水区域工业用水水价，元/m^3；

        μ_0——供水成本，元/m^3。

在水库减沙中，式(6-13)可进一步简化为式(6-14)的形式，即

$$G_1 = G_n + G_g = (\mu_n - \mu_0) g_n \xi_i \Delta W_D + (\mu_g - \mu_0) g_g \xi_i \Delta W_D$$

$$(6-14)$$

式中 g_n——新增供水量中供给农业用水的比例；

        g_g——新增供水量中供给工业用水的比例。

6.2.3.2   供水二级效益——社会效益

供水还可以提高城镇居民和生态环境用水的供水保证率。其供水二级效益计算公式为

$$G_2 = G_c + G_s = (\mu_c - \mu_0) \sum_{i=1}^{n} W_{c,i} + (\mu_s - \mu_0) \sum_{i=1}^{n} W_{s,i} \quad (6-15)$$

式中 G_2——供水二级效益，元；

G_c——城镇居民用水的增加效益,元;

G_s——生态环境用水的增加效益,元;

$W_{c,i}$——各河段新增城镇居民用水量,m^3;

$W_{s,i}$——各河段新增生态环境用水量,m^3;

μ_c——引水区域城镇居民用水水价,元/m^3;

μ_s——引水区域生态环境用水水价,元/m^3;

μ_0——供水成本,元/m^3。

在水库减沙中,可进一步简化为

$$G_2 = G_c + G_s = (\mu_c - \mu_0)g_c(1 - \xi_i)\Delta W_D + (\mu_s - \mu_0)g_s(1 - \xi_i)\Delta W_D \tag{6-16}$$

式中　g_c——新增供水量中供给城镇居民用水的比例;

g_s——新增供水量中供给生态环境用水的比例。

综上,供水总效益的计算公式为

$$G = G_1 + G_2 \tag{6-17}$$

式中　G——供水总效益,元。

类似地,供水效益也与兴利库容的新增量有关,同样存在时间效应。

6.2.4　防洪效益

河道清淤降低了河床,使得下游在现有防洪标准下能够通过更大流量的洪水,提高了下游的防洪能力;水库清淤则既增大了拦蓄泥沙的能力,也增大了拦蓄洪水的能力,从两个方面减轻了下游的防洪压力。本书中,运用补偿思路来定量描述河道/水库清淤的防洪效益。即以下游河道水位因增淤、流量加大而抬升,继而导致大堤为维持现有防洪标准需增筑的工程总投资,作为河道清淤/水库拦沙的防洪效益,称为减淤效益。另外,以水库的防洪库容因增淤、兴利库容减少,而使削峰能力降低,下泄流量增大,继而导致大堤为维持现有防洪标准需增筑的工程总投资,作为水库拦洪的防洪效益,称为调洪效益。

需要指出的是,减淤效益对应的库容功能区不同,减淤效益对应的是水库的全库容(校核洪水位至坝前高程,Ⅰ+Ⅱ+Ⅲ+Ⅳ区),调洪效益对应的是水库的调洪库容(校核洪水位至汛限水位,Ⅲ+Ⅳ区)。在二者重叠的部分,一旦产生了淤积,则减淤效益发生效用,而调洪效益随之丧失。即二者具有不相容性。

6.2.4.1 减淤效益

所谓减淤效益,是指反向河道/水库清淤增大了河道的过水能力/水库淤沙库容。运用补偿思路,认为如这部分泥沙不清除与清除相对比,则下游河道必因增淤而抬升水位,该抬升水位值即为大堤为维持相对高差需要加高的高度。其计算公式为

$$H_1 = a \sum_{i=1}^{n} S_i \frac{x_i}{b_i l_i}$$

$$X = \sum_{i=1}^{n} x_i$$

(6-18)

式中 H_1——河道补水库的减淤效益,元;

a——大堤每填筑 1 m³需增加的工程投资,元/m³;

x_i——该河段河道/水库减沙总量,m³;

b_i——该河段大堤平均间距,m;

l_i——该河段长度,m;

S_i——面积折算系数,其物理意义为该河段大堤增高需填筑的土方量与增高高度之间的比值,m²;

X——河道/水库减沙总量,m³。

需要特别指出的是,式(6-18)是一个简化的计算模式,仅考虑了淤积前后大堤之间的过流面积守恒,并未考虑河床形态变化与糙率对流速的影响。未来更精细的计算依赖于河道水沙演进的一维数学模型。

6.2.4.2 调洪效益

所谓调洪效益,是指水库清淤后,增加了调洪库容,削减了进入下游的洪峰流量,降低了汛期下游同流量下的洪水位。同样采用补偿思路,将增加拦蓄库容与不增加拦蓄库容相对比,若无这部分增加的拦蓄库容,水库的调峰能力必将下降,同流量过程下下游水位因调峰能力下

降会相应抬升水位,该抬升水位值即为大堤为维持相对高差需要加高的高度。其计算分为如下步骤:

(1)根据水库水位—库容曲线计算清淤后的新校核洪水位与清淤前原校核洪水位的水位差 Δh_1。

(2)根据水库水位—泄流能力曲线计算在 Δh 水位差下的下泄流量差 ΔQ_h。

(3)根据黄河下游各河段的水位—流量关系,计算各河段在设计洪峰流量下增加 ΔQ_h 时,水位相应的增加值 $\Delta h_{2,i}$。

(4)计算两岸大堤需增筑相应 $\Delta h_{2,i}$ 时的工程总投资 H,此即为水库清淤带来的调洪效益。

计算公式为

$$H_2 = a \sum_{i=1}^{n} S_i \Delta h_{2,i} \tag{6-19}$$

式中　H_2——水库的调洪效益,元。

综上,防洪效益的总计算公式为

$$H = C(H_1 + H_2) \tag{6-20}$$

式中　H——河道/水库防洪的总效益,元;

　　　C——不修堤的洪水损失与大堤新增工程投资之间的比例系数。

根据《黄河下游 1996 年至 2000 年防洪工程建设可行性研究报告》,黄河下游大堤第四次大修,堤防加高加培土方量合计 7 327.06 万 m³,总投资 151 782.72 万元。根据不同流量级洪水发生的概率和大堤决溢机遇,计算得 2001 年至 2020 年工程修建的总投资为 32.63 亿元,工程修建与洪灾损失差值为 45.08 亿元,即工程修建避免的洪灾损失为 77.71 亿元。

综上,避免的洪灾损失与土方工程投资之间的比例系数为 $C = 77.71/15.18 = 5.12$。

水库的防洪效益计算较为复杂,特别需要强调的是,当清淤方量位于水库汛限水位以下时,仅能带来减淤效益;当清淤量既包括死库容,也包括调洪库容时,则水库兼具减淤与调洪效益。

此外,防洪效益因与库容相关联,同样存在时间效应。

6.2.5 生态效益

泥沙是水体生态系统的重要组成部分,影响生态系统的物质循环(包括水循环、碳循环和氮循环)和能量转化。水库水生生态系统的物质循环和能量转化如图 6-3 所示。太阳能(包括风、雨、太阳辐射、蒸发等)和地球内能(包括地质构造、地壳运动、地热等)是该生态系统的能量来源,也是系统的驱动力。水、泥沙、营养盐在太阳能和地球内能的驱动下,相互作用,不断变化。水沙相互扰动,营养盐一部分溶解于水中,另一部分吸附于泥沙颗粒上。三者共同为水体生态系统的生产者和消费者提供生境和食物来源。藻类等浮游生物及水生植物是生态系统的初级生产者,而水生动物是消费者,生态系统的产出项则是生态环境价值。水体中减沙导致水体生态系统的物质循环发生变化,进而引起生态系统的生态服务功能和价值及其表现形式发生改变。

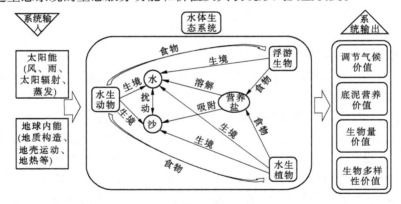

图 6-3　水库水生生态系统的物质循环和能量转化

对水体减沙生态效益的评价主要采用能值基本理论与分析方法。该方法是由美国著名生态学家 Odum(1996 年)提出和发展起来的新科学理论体系。它以能值为基准,以能量为核心,把生态经济系统中原本难以统一度量的各种能流、物流等,在能值尺度上统一起来,从而进行比较和分析。在实际应用中,由于任何资源、产品和劳务的能值都直接或间接来源于太阳能,因此常以太阳能为基准来衡量各种能量的能值,单位为太阳能焦耳(Solar EMJOULES,即 sej)。

生态系统的能量和物质等与能值之间的转换计算公式为

$$EM = \tau \times B \qquad (6\text{-}21)$$

式中　EM——能值,sej;

　　　　τ——能值转换率,sej/J 或 sej/g;

　　　　B——能量或物质的质量,J 或 g。

水库清淤生态效益的评价主要包含四部分:一是取沙造成的水体扩张引发的对气候调节能力的增强,即调节气候价值 EM_1;二是取沙造成底泥变化进而造成底泥营养价值的变化,即底泥营养价值 EM_2;三是取沙造成的生物数量变化,即生物量价值 EM_3;四是取沙对生物种群数的影响,即生物多样性价值 EM_4。具体的计算公式为

$$E = (EM_1 + EM_2 + EM_3 + EM_4)/e \qquad (6\text{-}22)$$

式中　e——所研究生态系统当地的能值货币转换系数,sej/元。

每一项能值均由式(6-21)求解。

类似地,生态效益与新增库容紧密相关,具有时间效应。

6.2.6　环境效益

环境效益的主要受益者是人类,水质是环境问题最突出的要素。因此,本节选取取沙引起的水体自净价值作为环境效益的代表性指标。

水体对污染物的降解程度反映了水体的自净能力,可以用水体自净系数来表示。从能值角度来看,水体污染物自然发生降解而减少的量就是水体自净价值。常见的污染物指标主要是 COD 和氨氮,由于 COD 的能值转换率难以确定,因此在本节中选取氨氮指标作为计算代表值。

其计算方法同样参照生态效益的计算方法,计算公式为

$$EM_5 = W_w \times f \times \tau_5 \qquad (6\text{-}23)$$

式中　EM_5——水体自净能值,sej;

　　　　W_w——进入水体的污染物排放量,g,此处取氨氮排放量作为代表值;

f——水体自净系数；

τ_5——进入水体污染物的能值转换率，sej/g。

水体减淤增加了库容或过流断面，该部分新增水体贡献的新增水体自净能力主要体现在新水体更新总量增大了水体的自净系数，采取如下公式计算

$$\Delta f = \frac{NX}{V + X} f \tag{6-24}$$

$$\Delta EM_5 = W_w \Delta f \tau_5$$

因此，总环境效益为

$$J = \Delta EM_5 / e \tag{6-25}$$

式中　J——水体自净的环境效益，元。

类似地，环境效益与新增库容紧密相关，具有时间效应。

6.3　不同类型水库清淤综合效应评估方法

水库包括防洪、灌溉、供水、发电、航运、景观和娱乐等功能，有单一功能水库和多功能水库。并不是每一个水库的清淤都完全包括这几项功能。本书指标体系虽尽可能全面覆盖了水体系统的各项功能，但具体计算过程需针对不同的水体选择合适的指标集与计算公式。通常将水库分为以防洪公益为主的水库和以经济效益为主的水库。

6.3.1　以防洪公益为主的水库

以防洪公益为主的水库清淤综合效益主要包括泥沙资源利用的直接效益、防洪效益、供水效益（公益性）及生态环境效益。计算公式为

$$T = Z + G_2 + H + E + J \tag{6-26}$$

如考虑时间效应，则式（6-26）需调整为

$$T = Z + \sum G_2 + \sum H + \sum E + \sum J \tag{6-27}$$

式中　T——黄河泥沙资源所产生的总社会经济效益，元；

其他字母含义同前。

6.3.2 以经济效益为主的水库

以经济效益为主的水库清淤综合效益主要包括泥沙资源利用的直接效益、发电效益、供水效益（经济性）。计算公式为

$$T = Z + D + G_1 \tag{6-28}$$

如考虑时间效应，则式（6-28）需调整为

$$T = Z + \sum D + \sum G_1 \tag{6-29}$$

式中　T——黄河泥沙资源所产生的总社会经济效益，元；

其他字母含义同前。

第7章 水库淤积风险及清淤综合效应评估的应用

7.1 水库淤积风险评估应用

通过对不同淤积风险程度指导水库库容恢复方向,针对不同水库淤积情况,提出了切实可行的实施方案,如减少上游来沙,以植树种草为主要手段的水土保持会减少入库沙量,拦泥坝建设与各类减少上游地表径流的拦蓄工程不仅会减少入库沙量,而且会改变入库泥沙粒径;以挖泥船清淤、虹吸式清淤和气吸式清淤等为主的库区清淤会增大水库库容;以降水溯源冲刷、异重流排沙和自吸式排沙等为主的加大下泄泥沙的水库排沙方式会增大水库库容。

对于处于冲淤平衡线上方的水库,即淤积风险较高的水库,有A、B和C三种途径使水库往水库冲淤平衡线方向发展。途径A:主要采取减小入库水量和减小水库库容的方式;途径B:主要采取减小入库沙量、减小泥沙中值粒径和减小水库回水长度等方式;途径C:结合途径A和途径B等方式。水库清淤前后相对冲淤平衡线位置如图7-1所示。

(1)柳河治理前后闹德海水库淤积状态与风险评估。

闹德海水库位于柳河中游,介于内蒙古通辽市库伦旗与辽宁省阜新市彰武县之间,呈西北东南向狭长形,维修扩建以后,水库控制面积4 051 km²,最大蓄水量2亿m³,年均灌溉供水量7.6万m³,是柳河上游唯一的大型水利枢纽工程。1995年后实施了柳河上游水土流失治理、小流域坡面治理、沟道治理工程。另外,在柳河北支养畜牧河上建成了嘎海山、泡子涯两座中型水库,在柳河南支扣河子上建成了平房、石灰窑两座中型水库,柳河治理前后闹德海水库在水库淤积风险评估

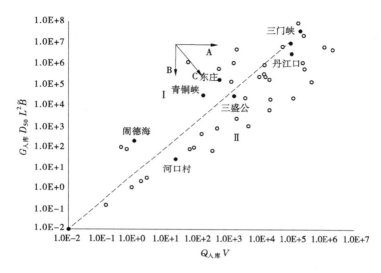

图 7-1　水库清淤前后相对冲淤平衡线位置

图中的位置变动如图 7-2 所示。

（2）清淤前后红崖山水库淤积状态与风险评估。

红崖山水库建于黄河流域荒漠平原区,通过 50 多年的运行,淤积量达 3 200 多万 m³,淤积库容占总库容近 1/3,已严重影响水库防洪、灌溉效益的发挥。为解决这个问题,对水库进行清淤。针对红崖山水库的淤积情况,采取水上清淤与水下清淤两种方案。水上清淤是利用冬季库水位较低,顶部土层封冻,将封冻层作为清淤路面,采用挖掘机挖装,自卸汽车拉运,将库区内露出水面的淤泥移出库外;水下清淤是利用绞吸式挖泥船进行清淤。

经过清淤,完成水上清淤 420 万 m³,水下清淤 290 万 m³,水库清淤前后红崖山水库在水库淤积风险评估图中的位置变动如图 7-2 所示。

（3）新疆头屯河水库综合治理前后淤积状态与风险评估。

新疆头屯河水库位于乌鲁木齐市及昌吉市以南,距离两市均约 40 km 处的头屯河中游,于 1965 年开始修建,1983 年 10 月通过竣工验收,是一座以防洪、灌溉为主,结合城镇生活供水、工业供水等综合利用的中型水库。设计总库容 0.203 亿 m³,水库自 1981 年投入运用以来,

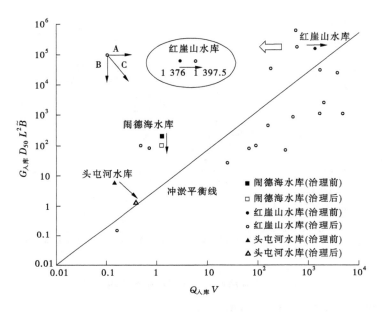

图7-2 水库淤积风险评估

由于没有采取合理的调度运行方式,造成水库泥沙淤积严重,1998年,泥沙淤积0.147亿 m³,库容仅为0.05亿 m³。

头屯河水库1997年开始实施综合治理,在库区回水末端修建拦沙坝,将大颗粒泥沙拦截在拦沙坝以上区域,在低水位运行时,采用机械开挖,同时实施低水位运行排沙、高渠排沙、蓄清排浑等多种排沙方式。综合治理前后头屯河水库在水库淤积风险评估图中的位置变动如图7-2所示。

由图7-2可知,对于大中型水库而言,采取拦减水库上游来沙、利用泄洪排沙设施增加水库排沙等手段来实现水库清淤与功能恢复较为适宜,机械清淤由于当前的处理能力所限,还无法作为主要的水库功能恢复手段。此外,通过水库淤积风险评估图,还能判断水库功能恢复的程度与效果,为进一步采取适当措施提供参考。

7.2 西霞院水库清淤综合效应评估

从淤积物的组成、分布、适用范围、经济性、生产效率、环境要求及水库调度等多方面权衡考虑,长距离输送拟采用绞吸式清淤技术,本次采用射流冲吸式清淤技术实施水库泥沙的清淤。

以黄河西霞院水库 2016 年清淤 1 000 万 m³ 为例,具体计算泥沙资源利用的总社会经济效益。

统计西霞院水库运行以来日均进出库沙量及每年汛前汛后测量库容,计算水库日均淤积量及其剩余库容,绘制水库剩余库容与淤积时间关系曲线(见图 7-3)。根据收集资料,初始时间从 2010 年 4 月 1 日起计,对应水库初始库容为 1.454 1 亿 m³。

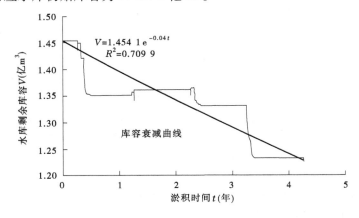

图 7-3 西霞院水库剩余库容与淤积时间关系曲线

从西霞院水库运用情况来看,水库排沙期主要集中在每年 7 月、8 月,本次数据提取淤积量变化较大的每年 7 月 1 日到 8 月 20 日,其中 7 月上旬主要为汛前调水调沙,水库基本处于敞泄状态,淤积量很小,部分时段发生冲刷(见图 7-4),其对应时段剩余库容变化较小,而 7 月中旬至 8 月下旬期间,由于黄河流域山陕区间、泾渭河、北洛河等地降雨,西霞院水库发生一定程度的淤积,对应时段剩余库容变化较大。由

图7-4拟合西霞院水库库容衰减公式为

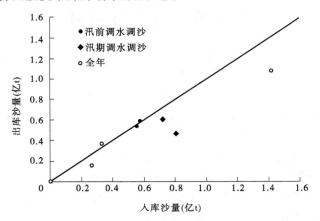

图7-4　西霞院水库进、出库沙量不同时段统计

$$V = 1.454\ 1e^{-0.04t} \tag{7-1}$$

其中,V_0取2010年4月1日水库库容1.454 1亿m^3,水库库容衰减参数k为0.04。

根据资料统计,2015年4月西霞院水库死水位131 m以下死库容0.557 8亿m^3,正常蓄水位134 m以下库容1.226 1亿m^3,2010年4月1日以来正常蓄水位以下库容淤积0.228亿m^3,水库死库容淤积0.212 2亿m^3,兴利库容淤积0.015 8亿m^3。

2016年抽沙1 000万m^3,水库剩余库容为1.326 1亿m^3,代入式(6-1)中计算对应淤积时间为2.30年,即新增库容1 000万m^3恢复到清淤时库容还需2年时间。按水库淤积先死库容后兴利库容的原则,计算每年剩余库容、库容衰减量及对应的死库容、兴利库容,见表7-1。

7.2.1　直接利用效益计算

本次计算拟抽沙1 000万m^3均在2016年加以经济利用,设备使用时间T均取1年。水库抽沙可直接出售,用于建筑材料,也可间接用于制作防汛备防石、制砖。

表 7-1　西霞院水库清淤 1 000 万 m³ 库容衰减时序

清淤时序（年）	第一年	第二年	第三年
剩余库容（万 m³）	1 000	481	0
库容衰减量（万 m³）	—	519	481
死库容（万 m³）	842	323	0
兴利库容（万 m³）	158	158	0

根据当前的试验取沙的泥沙级配测量结果与市场需求,利用泥沙的潜力受可利用泥沙范围、防洪安全、生态环境、产品运距、产品性能、经济效益、市场需求、政策导向等各方面的影响,逐项分析匡算。其中,制砖年可利用泥沙量近期约 600 万 m³（远期 400 万 m³）,制作防汛备防石年可利用泥沙量约 40 万 m³,建筑大沙年适宜采挖量约 1 500 万 m³。

根据西霞院水库淤沙粒径及分布,计算出可利用途径可用沙量,据此一次利用直接效益用沙量占泥沙资源利用总量的比例 α 取 13.7%,4% 用于制作防汛备防石,82.3% 用于制砖。

7.2.1.1　生产成本

根据西霞院水库泥沙处理与利用示范项目统计,抽沙固定资产包括抽沙平台建造、抽沙管道及浮筒加工、抽沙平台现场组装、浮筒组装及水上管道布设、岸上管道布设及拆卸等。其中,抽沙平台等建造费 7 472.5 万元,输沙管道等建造费 6 405 万元,管道调遣及组装等费用 2 852.5 万元,固定资产原值 $C_0 = 16\ 730$ 万元。

根据相关规定,除国务院财政、税务主管部门另有规定外,机器、机械和其他生产设备等固定资产计算折旧的最低年限为 10 年,本书取预计使用年限为 10 年。根据市场调研及预测,取预计设备残值 C_m 为 625 万元,预计清理费用为 125 万元,则固定成本折旧额 C_g 依照式(6-3)计算可得 1 623 万元。

变动成本中抽沙运行费用包括生产占地费用、人工费用、水电费用及税费等,合计 15 元/m³。

生产成本 C 依据式(6-2)计算得 16 623 万元。

7.2.1.2 一次利用直接效益

通过市场调研,2016 年水库周边区域建筑用细沙 20 ~ 28 元/m³,本书计算取 $P = 20$ 元/m³。代入式(6-4)计算,西霞院库区抽沙 1 000 万 m³,泥沙资源利用产生的一次利用直接效益为 2 740 万元。

7.2.1.3 二次利用直接效益

通过市场调研,附近区域备防石单价 $P = 130$ 元/m³,人工备防石生产成本 104 元/m³,按 2016 年当地运沙单价为 0.56 元/(m³·km)计算,运输距离约为 35 km;砖单价为 0.31 元/块,折合为 158.72 元/m³,生产成本为 107.52 元/m³,平均运输距离约为 50 km。

代入式(6-5)计算,西霞院库区抽沙 1 000 万 m³,泥沙资源利用产生的二次利用直接效益 $Z_{\beta1}$、$Z_{\beta2}$ 分别为 256 万元和 19 093.6 万元,合计19 349.6 万元。

综上,西霞院水库库区抽沙 1 000 万 m³,泥沙资源利用产生直接利用效益共计 5 466.6 万元。

7.2.2 发电效益计算

根据水库库容时间效益计算,第一年减沙增加总库容 1 000 万 m³,其中兴利库容为 158 万 m³;第二年增加总库容为 481 万 m³,其中兴利库容 158 万 m³;第三年为 0。水库发电用水分配系数仍取 0.5,则两年的发电效益增加值不变。依据式(6-10)计算每年的新增发电效益为3 433 万元,两年合计 6 866 万元。

7.2.3 供水效益计算

与发电效益的计算类似,由于新增的兴利库容两年没有发生变化,第三年完全淤满。因此,可计算其两年的供水效益,且这两年的供水效益相等。其对应的年供水等效增加水量 ΔW_D 按照式(6-12)计算为32 791 457 m³。西霞院水库减沙 1 000 万 m³ 供水总效益见表 7-2。

因此,其供水一级效益 G_1(每年)按照式(6-14)计算为 749.12 万元,供水二级效益 G_2(每年)按照式(6-16)计算为 344.80 万元。

表 7-2　西霞院水库减沙 1 000 万 m³ 的供水总效益

(单位:万元)

年份	第一年	第二年	合计
新增水库供水一级效益	749.12	749.12	1 498.24
新增水库供水二级效益	344.80	344.80	689.60
总供水效益	1 093.92	1 093.92	2 187.84

西霞院水库减沙 1 000 万 m³ 的供水总效益为 2 187.84 万元。

7.2.4　防洪效益计算

2016 年西霞院水库清淤 1 000 万 m³,根据每年库容衰减量结果,第一年清淤的 1 000 万 m³ 中,有 842 万 m³ 为死库容,158 万 m³ 为防洪库容,经过水库回淤,第二年死库容内再淤积 519 万 m³,之前清淤增加的死库容还剩余 323 万 m³,防洪库容仍为 158 万 m³,第三年则将清淤的 1 000 万 m³ 库容全部淤满。

因此需要分开计算防洪效益。

7.2.4.1　减淤效益

依据黄河下游河段淤积速率、河道面积、大堤设计等参数取值,计算得出黄河下游因淤积西霞院下泄泥沙(第一年 842 万 m³,第二年 323 万 m³)引起河床抬升,需要加高两岸大堤的工程量,见表 7-3。

表 7-3　西霞院水库抽沙 1 000 万 m³ 的防洪效益计算

河段	铁谢—伊洛河口	伊洛河口—花园口	花园口—夹河滩	夹河滩—高村	高村—艾山	艾山—利津
大堤平均间距 b_i(km)	7.52	8.33	9.85	11.11	5.45	2.57
河段长度 l_i(km)	48.01	55.16	100.80	72.63	182.07	269.64
宽河河道面积 $b_i l_i$(km²)	361.04	459.49	993.24	807.16	992.28	692.98
淤积速率(m/年)	0.050	0.071	0.080	0.080	0.094	0.096
淤积量占比	0.051	0.092	0.224	0.182	0.263	0.188

河段		铁谢—伊洛河口	伊洛河口—花园口	花园口—夹河滩	夹河滩—高村	高村—艾山	艾山—利津
淤积量 x_i （万 m³）	第一年	26.43	47.77	116.30	94.52	136.57	97.41
	第二年	24.50	44.27	107.79	87.60	126.57	90.28
大堤加高厚度 $\dfrac{x_i}{b_i l_i}$（m）	第一年	0.000 73	0.001 03	0.001 17	0.001 17	0.001 38	0.001 41
	第二年	0.000 68	0.000 96	0.001 08	0.001 08	0.001 28	0.001 30
面积折算系数 S_i（m²）		63 373 20	72 811 20	13 305 600	95 871 60	24 033 240	35 592 480
工程量 $S_i \dfrac{x_i}{b_i l_i}$（m³）	第一年	4 639.56	7 569.34	15 585.68	11 230.04	33 078.17	50 030.03
	第二年	4 299.86	7 015.13	14 444.53	10 407.80	30 656.26	46 366.95

根据《公路工程预算定额》(JTG/T B06-02—2007)，考虑挖土、装运、填方、压实等各环节，综合单价 $a = 24.19$ 元/m³，完成第一年 122 132.8 m³ 土方量的大堤加高加固，需投资 295.44 万元。完成第二年 113 190.5 m³ 土方量的大堤加高加固，需投资 273.81 万元。即西霞院清淤 1 000 万 m³ 的减淤效益造成的堤防节约投资 H_1 为 569.25 万元。

7.2.4.2 调洪效益

根据西霞院水库水位—库容曲线，可内插求得因库容增大 158 万 m³ 而降低水位 0.066 9 cm，再根据水库—水位泄流能力曲线，可内插求得因水位降低而减小下泄流量 1.233 3 m³/s，下游各河段水位均会有所降低，根据《2016 年黄河下游河道排洪能力分析》(2016 年 5 月黄河水利科学研究院报告)，在黄河下游设计水位—流量关系图基础上内插求得各河段因减少下泄流量 1.233 3 m³/s 而降低的水位差值，该差值即为下游两岸堤防因西霞院增大拦蓄库容而可避免加高大堤的数值，土方量计算方法同减淤效益计算。西霞院水库抽沙 1 000 万 m³ 的调洪效益计算见表 7-4。

表 7-4　西霞院水库抽沙 1 000 万 m^3 的调洪效益计算

河段	铁谢—伊洛河口	伊洛河口—花园口	花园口—夹河滩	夹河滩—高村	高村—艾山	艾山—利津
削减流量（m^3/s）			1.233 3			
下游降低水位差值（cm）	0.014 2	0.006 8	0.008 6	0.009 9	0.051 8	0.039 5
大堤加高厚度（cm）	0.014 2	0.006 8	0.008 6	0.009 9	0.051 8	0.039 5
工程量（m^3）	899.90	495.12	1 144.28	949.13	122 449	14 059

根据计算结果,因西霞院水库防洪库容增大 158 万 m^3,下游可节约加高大堤总土方量为 29 996.67 m^3,综合单价 $a = 24.19$ 元/m^3,需投资 72.56 万元,由于防洪库容第三年才回淤,因此第二年的调洪效益同样为 72.56 万元。前两年带来的调洪效益 H_2 为 145.12 万元。

综上计算,西霞院清淤 1 000 万 m^3,至回淤结束,可以带来两年的防洪效益,依据式(6-20)计算为 3 657.57 万元。

7.2.5　生态效益计算

生态效益计算同上述计算过程,第一年剩余库容 1 000 万 m^3,第二年剩余库容 481 万 m^3,其生态效益能值分析分别见表 7-5 和表 7-6。两年的生态效益共计 3 206.7 万元。

表 7-5　西霞院水库清淤水库生态效益能值分析

序号	项目	能值转换率	太阳能值	能值货币价值（元）
EM_1	调节气候价值（蒸发潜热能值）	12.20 sej/j	4.659×10^{16} sej	7.257×10^4
EM_2	底泥营养价值（底泥氮素释放能值）	3.8×10^9 sej/g	-1.1×10^{18} sej	$-1.713 4 \times 10^6$
EM_3	生物量价值（水库生物量能值）	5.11×10^6 sej/g	1.418×10^{17} sej	$2.208 7 \times 10^5$
EM_4	生物多样性价值（水库物种能值）	1.26×10^{25} sej/种	1.48×10^{18} sej	$2.305 3 \times 10^7$
EN_1 总计				$2.163 304 \times 10^7$

注:剩余库容 1 000 万 m^3。

表 7-6　西霞院水库清淤水库生态效益能值分析

序号	项目	能值转换率	太阳能值	能值货币价值（元）
EM_1	调节气候价值（蒸发潜热能值）	12.20 sej/j	$2.242\,4 \times 10^{16}$ sej	$3.492\,8 \times 10^4$
EM_2	底泥营养价值（底泥氮素释放能值）	3.8×10^9 sej/g	-5.32×10^{17} sej	-8.29×10^5
EM_3	生物量价值（水库生物量能值）	5.11×10^6 sej/g	6.827×10^{16} sej	$1.063\,4 \times 10^5$
EM_4	生物多样性价值（水库物种能值）	1.26×10^{25} sej/种	7.14×10^{18} sej	$1.112\,2 \times 10^7$
EN_2 总计				$1.043\,4 \times 10^7$

注:剩余库容 481 万 m^3。

7.2.6　环境效益计算

环境效益计算同上述计算过程,第一年剩余库容 1 000 万 m^3,$N=$ 189.94 次,$X=1\,000 \times 10^4\ m^3$,其环境效益计算结果为:$\Delta EM_5 = 2.29 \times 10^{16}$ sej,$J_1 = 3.56$ 万元。

第二年剩余库容 481 万 m^3,$N=295.82$ 次,$X=481 \times 10^4\ m^3$,其环境效益计算结果为:$\Delta EM_5 = 1.78 \times 10^{16}$ sej,$J_2 = 2.77$ 万元。

两年的环境效益共计 6.33 万元。

综上,西霞院水库清淤 1 000 万 m^3,考虑时间效应,计算的总社会经济效益为 21 391.04 万元,约 2.14 亿元。

第8章 水库淤积防治长效机制探讨

水库是泥沙的天然水力分选场所,对水库淤积泥沙的资源利用,可以根据淤积部位、泥沙粒径的不同分别利用(见图8-1)。

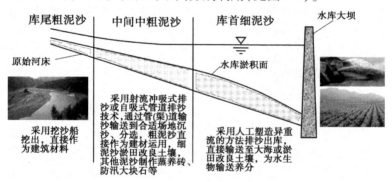

图8-1 黄河水库泥沙处理与资源利用模式

(1)对淤积在水库库尾的粗泥沙,在严格管理和科学规划的前提下,由于水深较浅,可以直接用挖沙船挖出,作为建筑材料。该种措施不需国家投资,仅靠建筑市场需求即可吸引大量资金,还可为水库其他部位泥沙处理提供一定的资金补助。

(2)对库区中间部位的中粗泥沙,可根据两岸地形及市场需求状况,采用射流冲吸式排沙或自吸式管道排沙技术,将泥沙输送至合适场地沉沙、分选,粗泥沙直接作为建材运用,细泥沙淤田改良土壤、淤填水库两岸的沟壑造地等,剩余泥沙制作防汛大块石、生态砖或修复采煤沉陷区、充填开采煤矿等。

(3)对于淤积在坝前的细泥沙,可以采用人工塑造异重流的方法排沙出库,直接输送至大海或淤田改良土壤。

8.1 水库淤积防治产业化运行模式

从水库清淤的经验可以看出,以往进行水库清淤,往往是由政府或水库管理部门投入资金,采用清淤装备进行水库清淤。水库清淤完毕后,可增加水库的兴利库容,根据水库库容的不同用途,获得灌溉效益、发电效益等,同时可改善水库的水质,具有较好的生态效益和环境效益。这种纯粹依靠财政投入进行投资的方式,没有对投资进行回收或补偿,无法按照水库的需求进行清淤,而只能等待财政安排,无法形成水库清淤的良性运行机制。

如前所述,泥沙本身运营是有收益的。若在水库清淤过程中,同时引入泥沙资源利用产业,利用泥沙资源的收益对水库清淤费用进行弥补,就可建立"清淤—利用—清淤"的良性循环。

因此,在水库泥沙处理与利用过程中,可由国家先期投入部分启动资金,构建水库泥沙处理基金,对淤积水库进行清淤。一方面,可以延长水库的使用寿命,获得灌溉效益、发电效益等,这部分收益可以弥补部分水库的清淤费用,并返还到水库泥沙处理基金中去;另一方面,清理出的泥沙可以进行资源利用,如淤田改良土壤、制作建材、制作防汛石料、陶冶金属、淤填沟壑等,这部分资源利用获得的收益也可以弥补水库清淤费用,并返还到水库泥沙处理基金中去。

水库清淤和泥沙资源利用相结合的运作方式,一方面,改变了原有泥沙清淤的投资方式,实现了投资的良性循环;另一方面,通过泥沙资源利用,改善了水库水质,增加了防洪库容,具有较好的防洪效益和社会效益,如图 8-2 所示。

8.2 水库淤积防治运营方案

水库泥沙利用属于公益性的基础设施项目,具有投资规模相对较大、需求长期稳定等特点,且符合发电、灌溉等水库效益对库区泥沙清淤的需求,利用途径包括建筑用砂、充填采空区、生产造地、园林绿化

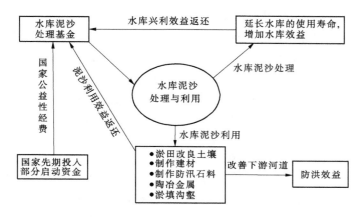

图 8-2 水库清淤与泥沙资源利用相结合的良性运行模式框架

等,适宜采用政府和社会资本合作的模式。

水库泥沙利用项目拟采用 PPP(Public Private Partnership,即政府和社会资本合作)模式,以政府购买服务、特许经营为基础,引入社会资本,明确双方的权利和义务,利益共享、风险分担,通过引入市场竞争和激励约束机制,充分发挥双方优势,形成一种伙伴式的合作关系,以确保合作顺利完成。

(1)水库管理单位、泥沙利用研发机构及依法定程序选取的社会资本方,签订相关 PPP 协议,三方共同出资组建项目公司,建设泥沙利用项目,资本金由政府授权机构、研发机构和社会投资人按投资比例注入,注入形式包括但不限于现金(研发机构可以技术入股),其余部分由项目公司通过自筹方式(一般为借贷)解决。

(2)项目建设完成后,项目公司获得项目所有权,并获得水库管理单位授予的独家特许经营权(一般需要限定运营期限,比如 10~20年)。在特许经营期,项目公司自行承担风险和责任,处理库区泥沙淤积,运营和维护项目设施,提供相应的泥沙产品,并获得合理的回报。

(3)项目建设和运营需在社会、防洪安全等方面接受水库管理单位、其他有关单位和社会群体的监督和管理。

(4)项目公司一旦组建,在建设期间内即投入资金购买设备(清淤、制备产品）。建设期内还需考虑项目公司的场地问题,考虑到成本问题,应在水库周围设置泥沙制备厂。建议由政府为项目公司提供土地,以供建设生产（限定用途）,土地使用期限可以和特许经营期联系起来,经营期结束后,项目公司若续租,则需重新谈判。

（5）运营期间,可由水库管理单位提供沙给项目公司;或者由水库管理单位授予项目公司水库采沙的特许经营权,由项目公司自行采沙。

（6）运营期间,项目公司的运营范围包括建筑用砂、充填采空区、生产造地、园林绿化用泥等。建筑用砂可通过市场销售的方式获得收益,属于市场化运营;充填采空区主要是对煤矿开采等的采空区进行充填,需要政府进行政策性引导,可以由煤矿业主支付充填费用,项目公司以“成本＋合理利润”的方式获得回报;生产造地主要是形成农业生产用地,主要采用政府购买服务的方式,设定每年的造地数量,政府以财政收入支付项目公司“成本＋合理利润”;园林绿化用泥主要是在政府的园林绿化项目中采用项目公司生产的营养泥,需要政府以政策的形式引导市政、园林绿化项目中使用库区泥,整体以政府购买服务的方式获得收入,但若项目公司出售园林绿化用营养泥有收益的话,可从政府支出中扣减此部分费用。

在 PPP 项目中,可从清淤产生的发电收益、灌溉收益等支出一部分,用以抵扣需要政府支付的服务费用,具体比例可在具体的 PPP 项目中进行设定。

（7）运营期结束后,是否将资产产权移交政府是 PPP 操作中 BOT（Build Operate Transfer,即建设—经营—转让）和 BOO（Build Own Operate,即建设—拥有—经营）之间的区分,当前我国实施的 PPP 项目,多以 BOT 方式为主。若结束后,需要延长政府对服务的购买,则需要政府和社会资本方重新进行谈判。

（8）水库管理单位（政府授权机构）、研发机构及社会资本方,按照各自股权获得利润。在一些情况下,水库管理单位（政府授权机构）可放弃获得分红,仅获得水库清淤等服务,以吸引更多社会资本的参与。

第9章 结 论

通过理论研究、历史资料和勘测资料的收集,在水库淤积现状调研分析的基础上,系统开展了水库淤积成因和性态分析、清淤技术(冲、挖、吸)及其适用性、清淤泥沙处置等关键技术研究,提出了清淤成本与效益分析方法、水库淤积影响与清淤综合效益评估方法,并建立了水库淤积防治长效机制。具体结论如下:

(1)南北方河流水库受所处地域地理条件与社会经济发展需求的影响,水库淤积成因有所区别。北方河流水库功能上多以防洪、减淤、供水等公益为主,其淤积主要由于雨量稀少,气候干旱,植被较差,水土流失严重所致。南方河流水库功能上多以发电、灌溉等经济效益为主,推移质淤积而引起回水抬高和上延,以及变动回水区淤积是导致其淤积的主要原因。

(2)南北方河流水库淤积物区域特征明显,表现为北方河流水库淤积一般为沙质河床,水库床沙粒配范围较窄,拣选系数 $\sqrt{d_{75}/d_{25}}$ 的变化范围在 1.5 以下,且淤积泥沙颗粒较细。南方河流水库多为沙夹卵石河床,床沙粒配范围较宽,拣选系数 $\sqrt{d_{75}/d_{25}}$ 变化范围可达 10 以上。由于水流挟沙力一般都有富余,床面泥沙由于粗化作用一般比表层以下的泥沙粗。

(3)针对泥沙淤积对水库自身和防洪安全(包括水库正常运行和大坝安全、库区与下游河道的防洪安全)、社会与经济、生态与环境等功能的影响,建立了水库泥沙淤积评估指标体系,完善了泥沙淤积对水库功能影响的评估。

(4)定性识别了水库库容、入库水沙、泥沙组成、水库淤积形态等评估水库淤积风险的影响因子,从河床演变学中冲积河流平衡趋向性的一般关系出发,提出了水库淤积风险强度与自处理风险能力的概念与计算方法,形成了完整的水库淤积风险评估方法,建立了水库淤积风险的区域性分布图,可为行政决策是否开展水库清淤等工程措施,提供直接判据。

(5)从减少上游来沙、水力调节和人工干预三大方面总结水库淤积防治技术及其应用特点、清淤实效,提出不同清淤技术操作方法、设备选型、清淤效果及适用条件。根据水库功能及所处地域地理与社会经济条件,在不考虑减少上游来沙的水库淤积防治技术基础上,提出北方河流水库和南方河流水库泥沙清淤处置方案及案例。其中,北方河流水库多采用水力调节和射流清淤、自吸式管道排沙、自排沙廊道、虹吸式清淤等技术,南方河流水库多采用机械清淤技术。

(6)系统总结了人工管道输沙、修复采煤沉陷区及充填开采、型砂加工、人造备防石制作、生态制砖、砂质中低产田土壤改良等水库泥沙利用技术及进展,结合不同区域社会经济发展的需求及生产能力状况,提出黄河流域泥沙资源利用方向按作用可分为黄河防洪、放淤改土与生态重建、河口造陆及湿地水生态维持、建筑与工业材料四个方面,按利用方式可分为直接利用和转型利用两个方面;长江流域泥沙资源利用方向主要为长江口滩涂淤展及开发利用、建筑材料及其转化、工程吹填用沙等。

(7)通过系统梳理,对水库清淤综合评估诸要素进行了分层分类,考虑时间效应和空间差异性,遴选了水库清淤泥沙资源利用直接效益、发电效益、防洪效益、供水效益、生态效益、环境效益等评估指标及计算方法,分别提出了以防洪公益为主的水库和以经济效益为主的水库清淤综合效应的评估计算模型。

(8)将43座水库按照长江流域、黄河流域、珠江流域、海河流域、辽河流域、浙闽片河流域、西南诸河流域、西北诸河流域划分为8类。将各类型标注在水库淤积风险评估图上,分别针对闹德海水库、红崖山水库、头屯河水库淤积情况,进行了淤积风险评估。

(9)对2016年黄河西霞院水库库区虚拟取沙1 000万 m^3 的情景进行综合效益评估,经济效益为13 830.84万元,社会效益为4 347.17万元,生态环境效益为3 213.03万元;直接效益为12 332.60万元,间接效益为9 058.44万元,总效益为21 391.04万元。

（10）提出了水库淤积防治产业化运行模式。提出了水库清淤和泥沙资源利用相结合的运作方式，一方面，改革了原有泥沙清淤的投资方式，实现了投资的良性循环；另一方面，通过泥沙资源利用，改善了水库水质，增加了防洪库容，具有较好的防洪效益和社会效益，并根据水库投资规模、水库效益、利用途径等提出采用政府和社会资本合作的模式下淤积防治运营方案。

参 考 文 献

[1] 屈孟浩.黄河动床模型试验理论和方法[M].郑州:黄河水利出版社,2005.

[2] 焦恩泽.黄河水库泥沙[M].郑州:黄河水利出版社,2004.

[3] 韩其为.水库淤积[M].北京:科学出版社,2003.

[4] 曾立亚.挖泥船在湖南省洞庭湖区的应用[J].水利水电技术,1991(5):25-28.

[5] 张天存.我国机械疏浚发展概况及其在水利水电工程中的应用[J].水力发电,1991(7):59-62.

[6] 彭建军,井绪东.常见挖泥船疏浚特性及选型[J].浙江水利科技,2004(6):87-88.

[7] 刘俊.国内外中小型挖泥船[C]∥第十三次疏浚与吹填技术经验交流会论文集.岳阳:中国水利学会机械疏浚专委会,1999.

[8] 陆宏圻,付礼英.水下射流采砂装置研究[J].武汉水利电力大学学报,1994(6):628-634.

[9] 张天存.水利水电机械疏浚工程综述[J].水力发电学报,1995(3):85-93.

[10] 姚霭彬.国内外清淤机械性能和应用状况[C]∥黄河下游清淤减淤高级研讨会资料.北京:水利部科教司,1997.

[11] 刘怀远.中国疏浚业:发展、挑战和机遇[C]∥中国第一届国际疏浚技术会议论文集.上海:中国疏浚协会,2003.

[12] 蔡长泗.中国港口建设的现状和未来[J].中国港湾建设,2002(4):1-4.

[13] 倪福生.国内外疏浚设备发展综述[J].河海大学常州分校学报,2004,18(1):1-9.

[14] 费祥俊.浆体与粒状物料输送水力学[M].北京:清华大学出版社,1994.

[15] 钱宁,谢鉴衡.泥沙手册[M].北京:中国环境科学出版社,1992.

[16] 华绍曾,杨学宁.实用流体阻力手册[M].北京:国防工业出版社,1985.

[17] 李炜.水力计算手册[M].2版.北京:中国水利水电出版社,2006.

[18] 胡春宏,王延贵,张世奇,等.官厅水库泥沙淤积与水沙调控[M].北京:中国水利水电出版社,2003.

[19] 柳发忠,王洪正,杨凯,等.丹江口水库支流库区的淤积特点与问题[J].人民

長江,2006(8):26-28.

[20] 張俊華,陳書奎,李書霞,等. 小浪底水庫攔沙初期水庫泥沙研究[M]. 鄭州:黃河水利出版社,2007.

[21] 張俊華,王艷平,張紅武. 黃河小浪底水庫運用初期庫區淤積過程數值模擬研究[J]. 水利學報,2002(7):110-115.

[22] 范家驊. 異重流泥沙淤積的分析[J]. 中國科學,1980(1):82-89.

[23] 謝金明. 水庫泥沙淤積管理評價研究[J]. 泥沙研究,12(6):23-29.

[24] 李義天,明宗富,詹義正. 破除船閘引航道異重流淤積的試驗研究[J]. 水利學報,1995(10):80-85.

[25] 張跟廣. 水庫溯源沖刷模式初探[J]. 泥沙研究,1993(3):86-94.

[26] 范家驊,等. 異重流的研究和應用[M]. 北京:水利水電出版社,1959.

[27] 曹如軒,等. 高含沙異重流的形成與持續條件分析[J]. 泥沙研究,1984(2):1-10.

[28] 范家驊. 關於水庫渾水潛入點判別數的確定方法[J]. 泥沙研究,2008(1):74-81.

[29] 楊勇,鄭軍,陳豪. 深水水庫低擾動取樣器機械設計[J]. 水利水電科技進展,2012(2):18-19.

[30] 黃河水利委員會. 2013 年黃河泥沙公報[R]. 鄭州:黃河水利委員會,2014.

[31] 涂啟華,安催花,曾芹,等. 黃河小浪底水庫運用方式研究[J]. 水利規劃設計,1990(1):16-18.

[32] 韓其為,何明民. 水庫淤積與河床演變的(一維)數學模型[J]. 泥沙研究,1987(3):14-29.

[33] 南京水利科學研究院. 土工試驗規程:SL 237—1999[S]. 北京:中國水利水電出版社,1999.

[34] 涂啟華,李世瀅,等. 小浪底水庫工程庫區泥沙沖淤及有效庫容的分析計算[R]. 鄭州:黃河水利委員會勘測規劃設計院,1983.

[35] 張俊華,王國棟,陳書奎. 小浪底水庫模型試驗研究[M]. 黃河水利科學研究院,1999.

[36] 竇國仁,柴挺生,等. 丁壩回流及其相似律的研究[R]. 南京:南京水利科學研究院,1977.

[37] 張瑞瑾,等. 論河道水流比尺模型變態問題[C]// 第二次河流泥沙國際學術講座會論文集. 北京:水利電力出版社,1983.

[38] 張啟舜. 日本天龍川水庫群的泥沙淤積及其處理[J]. 水利水電快報,1995

（16）:20-24.

［39］冯利平,陈小杰,缪犁.深圳市石岩水库环保清淤工程实施探讨［J］.人民珠江,2010(1):52-55.

［40］费瑞兴,顾云刚,夏福兴.陈行水库疏浚工程的施工与监测［J］.水运工程,1997(10):63-65.

［41］杨观宏.以礼河水槽子水库泥沙淤积的处理［J］.云南水力发电,1986(2):61-65.

［42］周磊,张跃武.官厅水库清淤应急供水工程综述［J］.北京水利,2003(2):9-12.

［43］夏迈定.台湾石门水库泥沙处理的启示——略论陕西省石门水库泥沙防治对策［J］.水资源与水工程学报,2002,13(1):14-17.

［44］姚仕明,刘同宦.长江流域泥沙资源供需矛盾及对策［J］.人民长江,2010,41(15):10-14.

［45］周泉生.黄骅港一期工程外航道施工期回淤与疏浚施工方法关系之探讨［J］.天津航道,2002(2):1-5.